多高层钢结构抗震性能化设计方法及性能评价准则研究与应用

张 谨◎著

U0294518

中国建筑工业出版社

图书在版编目（CIP）数据

多高层钢结构抗震性能化设计方法及性能评价准则研
究与应用 / 张谨著. — 北京：中国建筑工业出版社，
2023.9
ISBN 978-7-112-29294-3

Ⅰ.①多… Ⅱ.①张… Ⅲ.①高层建筑—钢结构—防
震设计 Ⅳ.①TU973

中国国家版本馆 CIP 数据核字（2023）第 202769 号

责任编辑：刘瑞霞 梁瀛元
责任校对：党 蕾
校对整理：赵 菲

多高层钢结构抗震性能化设计方法及性能评价准则研究与应用

张 谨 著

*

中国建筑工业出版社出版、发行（北京海淀三里河路 9 号）
各地新华书店、建筑书店经销
国排高科（北京）信息技术有限公司制版
建工社（河北）印刷有限公司印刷

*

开本：787 毫米 × 1092 毫米 1/16 印张：11½ 字数：245 千字
2023 年 10 月第一版 2023 年 10 月第一次印刷
定价：**88.00** 元
ISBN 978-7-112-29294-3
（41872）

内容提要

为推动我国多高层钢结构抗震性能化设计的发展，本书通过对比分析国内外已有抗震性能化设计方法，总结我国现有主要规范标准中性能化设计方法的不足，并基于抗震性能化设计本质要求及钢结构设计应用特点，提出了多高层钢结构抗震性能化设计的改进方法；通过理论分析、试验研究和有限元模拟等方法，对受弯和压弯钢构件的延性进行了系统的研究，建立了受弯与压弯钢构件基于应变的性能评价准则；最后以某高烈度区高层减震钢结构项目为例，详细论述了本书抗震性能化设计改进方法的应用流程和特点。

本书研究成果可更高效地实现结构良好的抗震性能，推动新材料、新技术和新体系在多高层钢结构中的应用，对完善国内钢结构性能化设计具有重要的现实意义和实践应用价值。本书可供从事钢结构抗震性能化设计技术研究与应用的高校研究人员和工程设计人员参考。

建筑结构抗震设计通常采用传统规范设计法，应用中需满足结构规则性等适用范围的限制要求。而随着社会经济及工程实践的不断发展，为适应更个性化或更高的抗震性能需求，基于性能的抗震设计（Performance-based seismic design）成为抗震领域重要的研究方向。

抗震性能化设计概念由美国学者在 1994 年美国北岭地震后首次提出，其最早应用于桥梁和既有建筑改造的抗震设计，之后美国相继颁布 FEMA、ASCE41、PEER 系列法规，用于指导抗震性能化设计在建筑结构中的应用。该方法基于量化的多重性能目标对结构在地震作用下性能表现完成准确分析和评估，进而采取有针对性的设计措施来满足预期抗震性能，具有良好的适用性与发展前景。

2000 年，谢礼立院士在国内介绍了基于性态的抗震设计（即抗震性能化设计）概念，并针对我国抗震设防标准中存在的问题，提出了基于性态抗震设计的三环节抗震设防方法，将设防内容明确为确定结构的抗震设计类别、确定设计烈度或设计地震动参数、确定建筑的重要性等级三个方面。2004 年，由谢礼立院士等专家起草的《建筑工程抗震性态设计通则》CECS 160: 2004，首次根据建筑使用功能的不同对我国"三水准"性能目标进行了细化区分，体现了抗震性能化设计的思想。

现行《高层民用建筑钢结构技术规程》JGJ 99—2015、《钢结构设计标准》GB 50017—2017 和《高层建筑混凝土结构技术规程》JGJ 3—2010 等在《建筑抗震设计规范》GB 50011—2010 基础上，均纳入了性能化设计章节，代表了我国在性能化设计方面取得的研究成果。但目前各标准中设计方法、性能评价准则等依然存在不完善、不统一等问题。本书作者张谨女士从设计方法、性能评价准则及工程应用等方面展开研究，基于抗震性能化设计本质，结合多高层钢结构特点，提出了多高层钢结构抗震性能化设计的改进方法，强调在概念设计阶段融入抗震性能化设计思想、突出性能目标设定的灵活性、结构进入塑性状态后弹塑性分析的重要性以及分层分级定量评价结构与构件性能状态的必要性。同时针对我国钢结构构件性能评价准则缺失的情况，通过理论分析、试验研究和有限元模拟，考虑板件宽厚比、轴压比以及加载制度等因素的影响，建立了受弯与压弯钢构件基于应变的性能评价准则。最后应用本书研究成果，对一采用新结构体系的高烈度高层减震钢结构实际工程完成了全过程抗震性能化设计，论证了本书改进方法的先进性与可靠性，可为国内抗震性能化设计在多高层钢结构中的应用提供重要参考。

本书科研工作内容饱满，思路清晰，试验研究细致，理论分析正确，主要结论可信。成果具有较强的创新性，特别是基于应变的钢构件性能评价准则研究成果在国内外兼具新颖性，可为后续研究及推广应用提供很好的科学依据，反映了作者扎实的理论基础知识、开阔的专业视野和突出的专业能力。

本书内容兼具理论基础和工程实践，可为建筑结构工程师了解多高层钢结构抗震性能化设计方面的相关知识，更好地理解与掌握抗震性能化设计要点提供有益的参考。

郁银泉

全国工程勘察设计大师

国家一级注册结构工程师

中国建筑标准设计研究院有限公司　总工程师

2023 年 9 月于北京

序 二

我国抗震设计常用的传统规范法在整体结构地震作用计算时，并不考虑不同结构的延性差异。《钢结构设计标准》GB 50017—2017 引入性能系数以有效考虑结构延性对地震作用的影响，该方法目前适用于抗震设防烈度不高于 8 度（0.20g），钢结构高度不高于100m的框架结构、支撑结构和框架-支撑结构体系。

本书作者张谨女士，结合三十多年的工程实践经验，通过对多高层钢结构抗震性能化设计进行系统和深入的研究，提出了适用于多高层钢结构抗震性能化设计的改进方法。方法遵循我国"两阶段"抗震设计思路，释放原《抗规》"三水准"的单一最低设防要求，以及现有规范"菜单式"的性能目标设定方式；通过分层分级个性化灵活设置性能目标，并量化结构与构件层次的性能评价体系；结合日益成熟的数值分析方法对结构性能表现进行全面评估，从而基于更准确的计算地震作用，保障结构预期的延性需求与性能表现。另外，作者结合我国规范中的钢构件截面等级分类和轴压比分级，从工程应用角度研究建立了受弯与压弯钢构件基于应变的性能评价准则，弥补了国内当前关于钢构件性能评价准则研究的缺失和不足。

最后，作者应用本书研究成果对一高烈度高层减震钢结构项目完成了全过程的抗震性能化设计，突破现有规范对于新技术和新体系的限制，成功实现了分层分级预设的各项抗震性能目标。设计结果表明结构具有优异的抗震性能、良好的使用性能及经济性；验证了方法的适用性、可靠性和先进性，可为抗震性能化设计在我国多高层钢结构中的应用提供重要参考。

本书主要内容源自张谨女士攻读东南大学工程博士期间的研究成果，其在研究过程中，不局限于现有知识框架和传统设计理念，勇于质疑突破，但同时虚己以听，坚持与领域内的专家学者互通交流，汲取智慧，最终为读者呈现了关于钢结构抗震性能化设计的崭新视角和观点。作为她的校外导师，我对这份学术热情和钻研精神深感认同并由衷赞扬。

　　本书对多高层钢结构抗震性能化设计方法开展了广泛且深入的研究，对抗震性能化设计在国内的推广和发展应用可带来积极的促进作用，符合我国建筑结构建设可持续发展的长远战略目标，因此笔者将此书毫无保留地推荐给各位读者。

全国工程勘察设计大师

国家一级注册结构工程师

华诚博远工程技术集团有限公司　首席科学家

2023 年 9 月于北京

序 三

　　目前我国关于多高层钢结构抗震性能化设计的要求分布在多本规范与标准中，在设计思路、性能目标选取、分析方法等方面的规定不尽一致，或受限于一定的适用范围，尚未形成完整、统一、独立的设计体系。此外，钢结构性能评价体系亦尚不完善，缺少系统的可全面反应构件延性的评价准则。在性能化设计的实际应用过程中，构件性能评价主要参考国外规范，但由于国内与国外在截面分类、钢材性能以及构件性能水准等级划分等方面的不同，直接应用并不合理。针对多高层钢结构抗震性能化设计应用中的多个关键技术问题，本书作者张谨女士展开了细致深入的研究，并取得了一系列重要的成果。

　　书中首先对比分析目前国内外抗震性能化设计方法，剖析了现有设计方法的局限性。基于抗震性能化设计本质和特点，研究提出了适用于我国的多高层钢结构的抗震性能化设计体系，并建立具体的设计流程。基于具有不同截面等级与轴压比的22个典型截面构件的试验研究和366个有限元模型的参数化分析，对H形截面受弯和压弯钢构件的延性开展了系统的研究，提出"等效塑性区"概念，并定义推导了三种延性系数的计算方法以表征构件的延性。通过全面分析不同设计参数、加载制度与截面形式对构件延性及延性系数的影响，综合考虑地震响应特点，结合我国相关标准对构件截面等级分类和轴压比分级，从工程应用角度建立了受弯与压弯钢构件基于应变的性能评价准则，弥补了当前国内在该领域研究的不足。

　　在理论研究的基础上，本书采用所提出的性能化设计方法以及性能评价准则，对一高烈度区（8度0.3g）的高层减震钢结构项目完成了抗震性能化设计，并从结构屈服机制、构件损坏程度分析等多方面验证了结构抗震性能，论证了本书方法的可靠性、有效性和先进性。

　　本书主要内容来自张谨攻读东南大学工程博士的学位论文，作为其校内导师，我深切了解她为本书内容所付出的时间与精力，她在学习过程中展现的严谨细致的科研态度，对所涉领域的深刻洞察力，以及对新知识探索的热情，都给我留下了深刻的印象。本书不仅充分展示了作者对抗震性能化设计领域的深刻理解，更凸显了她宽广而深厚的学识和卓越的思考能力。

本书研究成果将有助于更高效地基于性能化设计实现多高层钢结构良好的抗震性能，同时也有助于推动新材料、新技术和新体系在多高层钢结构中的应用。在此，我由衷地向各位读者推荐本书，相信它对从事多高层钢结构抗震性能化设计与研究的高校师生、研究人员和结构工程师兼具很高且针对性的参考价值。

国家一级注册结构工程师

东南大学　教授

博士生导师

2023 年 9 月于南京

前　言

随着社会经济和工程实践的发展，以避免人员伤亡为主要抗震设计目标的传统规范设计法逐渐难以满足多样化的抗震设计需求，抗震性能化设计方法成为结构抗震设计的重要手段。抗震性能化设计，是根据结构的重要性和不同的抗震性能预期，将宏观定性的抗震设计目标转变为"个性化"的可量化分析的多重性能目标，通过科学可靠的数值仿真等分析方法对结构在地震作用下的性能表现进行准确分析和评价，进而采取有针对性的设计策略，使结构满足预期抗震性能的设计方法。该方法具有广泛的适用性，在满足结构安全的基础上可进一步提升结构的抗震性能和经济性，目前正得到越来越多的研究与应用。

我国现行设计规范近年来先后提出和制定了关于抗震性能化设计的相关原则和条文，但已有内容更多是针对混凝土结构；对于钢结构，在设计思路、性能目标选取和分析方法等多方面的规定尚不统一，应用范围也存在限制。而现行规范中的性能化设计方法在应用时，除满足性能目标要求外，仍需满足大多数传统规范设计法中要求的抗震措施，实质上属于为达到更高性能要求的补充设计方法，未形成完备的设计理论和方法体系。同时，由于缺乏针对钢构件变形的性能评价准则，现行设计规范的性能评价体系尚不完善。随着国家各类鼓励钢结构应用的政策不断出台，研究适用于面广量大的多高层钢结构的抗震性能化设计方法尤为必要和迫切。

本书首先对国内外已有的钢结构抗震性能化设计方法进行总结对比，分析我国现行设计规范中关于性能化设计原则与方法的不足，提出多项改进措施，建立了适用于多高层钢结构抗震性能化设计的改进方法；同时基于理论分析、试验研究和有限元模拟等手段，建立完善了抗震性能化设计应用中所需受弯与压弯钢结构构件的性能评价准则；最后通过某高烈度抗震设防区实际工程案例，论述阐明本书方法的全过程应用流程，并验证其适用性、可行性和先进性。主要研究内容如下：

（1）研究抗震性能化设计本质要求及特点，提出了多高层钢结构抗震性能化设计的改进方法。改进方法根据结构全生命周期具体性能需求，按正常使用阶段和极限性能阶段个性化设置设防水准，适应和满足更高抗震性能需求；改进方法强调在概念设计阶段融入抗震性能化设计思想，细化受力体系和屈服机制等结构整体性能的设计策略；设定性能目标时突破现行规范的"菜单式"设定方式，采用结构整体与构件分层级灵活设置的原则；同时，改进方法明确对进入塑性状态的结构必须采用弹塑性分析，以真实、全面地反映结构与构件在地震作用下的力学响应。

（2）基于不同截面等级（S1～S4）与轴压比（0～0.6）的 22 个构件在低周反复作用下的试验研究和 366 个有限元模型的参数化分析，对 H 形截面受弯和压弯钢构件的延性开展了系统深入的研究，基于构件局部屈曲的发展过程与应变分布规律，提出"等效塑性区"概念，推导了等效塑性区平均曲率（等效曲率）和边缘最大应变（等效应变）的计算方法以用于表征塑性变形，并定义弦转角、曲率和应变延性系数作为表征钢构件延性的主要指标。

（3）分析研究截面翼缘宽厚比、腹板高厚比和轴压比对 H 形截面受弯和压弯钢构件变形能力的影响；通过回归分析得到相应钢构件在对称循环加载条件下的应变延性系数计算式；同时考虑地震作用随机性，对比分析了对称循环加载和倒塌一致性加载对构件延性的差异，进而修正基于循环加载的分析结果，提出地震作用下 H 形截面受弯与压弯钢构件极限应变建议值。

（4）基于"无损坏""轻微损坏""轻度损坏""中等损坏""比较严重损坏"和"严重损坏"六个构件损坏等级，对应现有《钢结构设计标准》GB 50017—2017 中不同类型截面等级，同时结合不同轴压比等级，建立了受弯与压弯钢构件基于应变的性能评价准则。通过一个平面钢框架算例，阐述本书基于应变性能评价准则的应用方法，并与采用美国FEMA356 中基于转角的性能评价方法进行了对比，结果表明两者结果具有一致性，而本书方法具有不受荷载与边界条件影响等优点，更易于工程应用，弥补了国内当前对于钢结构性能评价准则研究的缺失和不足。

（5）基于本书提出的抗震性能化设计改进方法，同时在应用中采用包括本书建立的受弯与压弯钢构件性能评价准则，对某高烈度地区高层减震钢结构项目完成了全过程的抗震性能化设计,设计中突破了现有规范中对于新技术和新体系应用的限制,成功实现了分层分级预设的各项抗震性能目标,设计结果表明结构具有优异的抗震性能,验证了本书研究成果的适用性、可靠性和先进性,可作为国内多高层钢结构性能化设计方法应用的典型案例。

　　郁银泉大师、王立军大师和舒赣平教授撰写了本书的序言部分,序言中对多高层钢结构性能化设计的相关知识作了深入的介绍,是本书的重要组成部分,在此表示诚挚感谢!本书主要章节内容来自本人工作近三十年后重回母校东南大学攻读工程博士的学位论文,书中最后以致谢辞的形式向各位老师、专家、学者与同事对论文研究提供的帮助、支持和肯定表示衷心感谢!另书中附录B对第6章中的案例工程补充了关于抗震韧性评价分析的相关内容。本书成稿后,中国建筑工业出版社编辑刘瑞霞和梁瀛元高效且专业地为本书正式出版做了细致的校审工作,在此一并表示感谢!

　　本书研究成果可为完善多高层钢结构抗震性能化设计体系及方法提供参考。

张　谨

博士

中衡设计集团股份有限公司　总工程师

研究员级高级工程师

国家一级注册结构工程师

英联邦结构工程师学会会员及特许结构工程师

2023年9月于苏州

目 录

第 1 章

绪 论

1.1 研究背景

对于建筑结构的抗震设计，目前多数国家一般采用基于反应谱理论及结构能力设计理念编制的"处方式"（Prescriptive）设计方法[1]。该方法通过制定一系列设计规则，针对适用范围内的结构进行弹性分析，并按"处方式"条文采取抗震措施，以满足避免人员伤亡、减少经济损失的抗震设计目标，本书将其表述为传统规范设计法。

随着社会经济及工程实践发展，传统规范设计法中针对结构高度、结构体系和规则性等适用范围的相关限制，以及采用的定性抗震设防目标，已逐渐难以满足丰富多样的建筑类型需求和更为个性化、精准化的抗震设防要求。自 20 世纪 90 年代起，国内外相关机构和专家开始对抗震性能化设计理念进行研究，并在近些年来将其推广应用。特别是在城市化快速发展的我国，由于对超出规范适用范围的"超限"建筑多要求采用抗震性能化设计，使得抗震性能化设计的研究更为必要。

我国现行相关结构设计规范近年来先后制定了关于抗震性能化设计的原则性要求和规定，但已有内容主要针对混凝土结构[2-4]，在多高层钢结构领域，尚未形成完备统一的方法与标准，同时应用范围上存在相关限制，在工程设计实践中的研究与应用还不充分[5]。

同时，随着我国相关技术实力的发展以及产业结构战略调整，因钢结构具有强度高、重量轻、延性好、施工快、能源消耗与碳排放量低等优势，国家行业主管部门近年来出台了多项政策鼓励其在建筑领域中的更广泛应用，以推动建筑业发展转型[6]。但我国目前建筑领域中钢结构应用比例偏低，截止到 2022 年，我国钢结构建筑占比仅为 5%～7%，而发达国家为 40% 以上[7]。而在我国已有的钢结构应用中，大多仍集中于工业建筑与大型场馆，在量大面广的多高层民用建筑中应用较少，因此，研究适用于多高层钢结构的抗震性能化设计方法，可为多高层钢结构的抗震设计提供技术支撑，为进一步推广钢结构的应用奠定理论基础，具有重要的现实意义和实践应用价值。

1.2 抗震性能化设计方法的提出与发展

1.2.1 传统规范设计法特点及局限性

目前国内外建筑结构的抗震设计主要采用传统规范设计法，该方法融入了地震工程领域的研究成果及工程实践经验，在应用中具有以下主要特点[1]：

（1）采用规范规定的设计反应谱，对结构进行弹性分析。

（2）采用结构线弹性计算得到的地震作用效应，与其他荷载作用进行组合得到的内力，对结构构件进行承载力设计。为满足结构合理屈服机制及塑性变形需求，基于能力设计理念，根据不同的延性要求采取不同的抗震措施（包括内力调整与构造措施等）。对于部分有特殊需求的结构，还需验算其在罕遇地震作用下的变形。

（3）结构体系的规则性及结构的整体性需满足规范的规定，以使结构能可靠地发挥塑性变形能力。

1.2.1.1 抗震极限状态与设防水准

能力设计的主要思想是通过不同构件之间或同一构件不同部位之间的承载力级差控制，有目的地引导结构的塑性变形向合理的方向发展，形成合理的屈服机制，并通过构造措施等保证塑性发展区域的延性要求能够得到满足[8]。

能力设计中可将结构抗震设计极限状态分为三种，即"使用极限状态""损伤控制极限状态"和"幸存极限状态"。"使用极限状态"指结构经历地震而不发生损坏或轻微损坏，设计中在对应地震水准作用下，结构基本保持弹性，通常称为"不坏"。"损伤控制极限状态"指建筑物经历地震发生较多损伤，但尚能得以经济地修复，通常称为"可修"。"幸存极限状态"指结构和建筑部件经历地震可发生严重损坏不可修复，但不发生倒塌，即结构虽然发生较大变形，但结构作为一个整体仍可保持其承担重力荷载的能力，通常称为"不倒"。在实际可能发生的强地震中避免发生结构倒塌造成人身损失是抗震设计中对结构抗震性能最基本的要求[1]。

基于上述抗震设计极限状态，结合对应的地震动强度或地震水准，即构成结构设防水准。如图 1-1 所示，目前不同国家和地区，包括中国、美国、欧洲和日本等，在传统规范设计法中采用的抗震设防水准都存在一定差异，我国传统规范设计法中，采用"小震不坏、中震可修、大震不倒"的"三水准设防"。

美国《Minimum design loads and associated criteria for buildings and other structures》ASCE 7-16[9]采用"两水准"抗震设防目标，即设计中考虑"设计地震"（Design Earthquake，简称 DE）下可修和"最大考虑地震"（Maximum Considered Earthquake，简称 MCE）下不倒。"最大考虑地震"对应于美国地震烈度区划图上 50 年超越概率为 2% 的罕遇地震，其地震重现期约为 2475 年，大致相当于我国的罕遇地震水准。在《Uniform building code》UBC

97[10]中"设计地震"DE 最初对应于重现期 475 年的地震水准，按此方法设计的结构在 1.5 倍中震地震动作用下，破坏状态大致为临界倒塌。而除加利福尼亚州等高烈度地区外，众多中低烈度区大震作用/中震作用均显著超过 1.5 倍，因此从 2000 年 IBC 开始，将"设计地震"DE 提高为 2/3 的 MCE[11]，这也导致美国各个地区设计地震具有不同的超越概率。目前在实际应用过程中，ASCE 7-16 将抗震设防目标定为结构可修和保证生命安全，仅针对"设计地震"DE 单一阶段进行设计，并可满足不低于 1.5 的保守可靠度（抗震裕度），保证结构在"最大考虑地震"下不倒塌[12]。

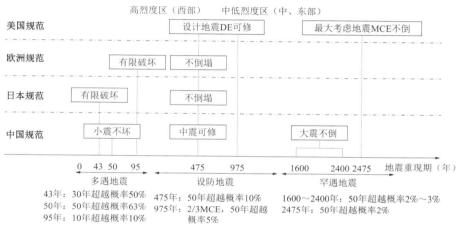

图 1-1　不同国家传统规范设计法采用的抗震设防水准

欧洲《Design of structures for earthquake resistance-part 1: general rules, seismic actions and rules for buildings》EC8[13]采用"两水准"抗震设防目标。第一水准推荐采用 50 年内超越概率为 10%的地震，对应重现期为 475 年，在该水准下结构需满足不倒塌要求；第二水准推荐采用 10 年内超越概率为 10%的地震，对应重现期为 95 年，在该水准下结构需满足有限破坏要求。

日本《建筑基准法》采用"两水准"抗震设防目标。第一水准为 30 年内超越概率为 50%的地震，对应重现期为 43 年，要求结构只能出现有限损伤；第二水准为 50 年内超越概率为 10%的地震，对应重现期为 475 年，要求结构满足安全和不倒塌要求。

我国《建筑抗震设计规范》GB 50011—2010（2016 年版）[14]（简称《抗规》）采用"三水准"的抗震设防目标，即"小震不坏、中震可修、大震不倒"。"小震"即为多遇地震，定义为 50 年内超越概率为 63%的地震，对应重现期为 50 年，设防目标为不受损坏或不需修理可继续使用；"中震"即为设防地震，为 50 年内超越概率为 10%的地震，对应重现期为 475 年，设防目标为可能发生损坏，但经一般性修理仍可继续使用；"大震"即为罕遇地震，定义为 50 年内超越概率为 2%～3%的地震，对应重现期为 1600～2400 年，设防目标为不致倒塌或发生危及生命的严重破坏。在实际应用过程中，我国《抗规》采用"两阶段"设计：第一阶段主要为承载力验算，取多遇地震动参数计算结构的弹性地震作用标准值和相应的地震作用效应，进行结构构件的截面承载力抗震验算；第二阶段为变形验算，针对部分特殊结构，通过验算在罕遇地震作用下结构的变形来满足第三水准抗震设防目标的要求；对于第二水准抗震设防目标的要求，通常采用抗震措施加以保证。

综上，因经济和科技发展水平差异，各国抗震设计采用的设防水准不尽相同。总体而言，各国的传统规范设计法均以结构在一定强度地震下不发生倒塌、保障人身安全为首要目标，并在此前提下尽可能限制结构损坏程度，保护财产安全和减少经济损失[15,16]。

1.2.1.2 地震作用折减系数

大多数国家设计反应谱是通过 50 年超越概率 10% 的弹性反应谱值（美国为 2/3MCE）乘以地震作用折减系数得出的。这是由于结构在设防地震和罕遇地震作用下通常会进入塑性状态，结构构件出现屈服并发生塑性变形，结构承受的地震作用将比弹性状态下有所削减。由于地震作用折减系数的大小与结构延性关系密切，原则上应根据不同的结构特点予以区分。

ASCE 7-16 中，鉴于不同结构体系具有的结构整体延性性能不同，规定了相应的结构响应修正系数 R，R 数值上为地震作用折减系数的倒数，同时采用结构位移放大系数 C_d 来反映塑性响应造成的变形放大效应。当结构在"设计地震"DE 作用下基本处于理想弹性状态时，结构内力不折减，相应 R 值取 1.0，C_d 值取 1.0；当结构处于充分的延性反应时，相应的 R 值取 8.0，C_d 值取 6.0。以钢框架结构为例，规范中将结构延性由低到高分为普通钢框架（OMF）、中等钢框架（IMF）和特殊钢框架（SMF），对应响应修正系数 R 限值分别取为 3.5、4.5 和 8。

EC8 中，根据结构的不同延性水平采用相应的性能系数 q，q 数值上为地震作用折减系数的倒数。按结构延性由低到高可划分为低延性（DCL）、中等延性（DCM）和高延性（DCH）三个等级。以钢框架结构为例，对应性能系数 q 限值分别设为 1.5、4 和 $5\alpha_u/\alpha_1$，其中 α_u/α_1 为结构的极限承载力 α_u 和产生首个塑性铰时的承载力 α_1 之比。

日本《建筑基准法》中，以结构性能系数 D_s 表现地震作用折减程度，D_s 数值上为地震作用折减系数的倒数。对于钢框架结构，根据钢梁、钢柱的板件宽厚比进行抗震等级划分，从低到高可分为延性较差（FD）、延性一般（FC）、延性较好（FB）和延性极好（FA）四类，对应结构性能系数 D_s 限值分别为 2.5、2.86、3.33 和 4[17]。

与以上规范不同，我国《抗规》并未针对不同延性结构设定相应的地震作用折减系数，而是统一按多遇地震水准（地震作用约相当于设防地震水准的 1/3）进行弹性计算，即对于不同结构，地震作用折减系数统一取为 1/3 左右，仅以承载力抗震调整系数 γ_{RE} 进行微调，对于高延性结构如钢结构，通常过于保守[18,19]。

以钢框架为例，上述各国规范规定的地震作用折减系数对比如图 1-2 所示，仅我国规范未区分不同结构的延性差异，其采用的单一数值大致对应于欧、美、日"中等延性"结构的地震作用折减系数。相比于大多数"中等延性"的混凝土结构，钢结构延性较高，但阻尼较小，采用弹性反应谱会计算得到更大的地震作用，导致钢结构延性的增加不能通过减小基底剪力而带来补偿[20]。文献[19]分析指出，按中国规范设计的钢框架结构侧向刚度和强度基本上比国外规范大 20%～150%。

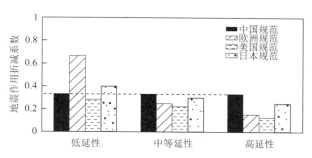

图 1-2　钢框架结构的地震作用折减系数对比

1.2.1.3　传统规范设计法的局限性

传统规范设计法经过多年发展，已经形成了较为成熟的体系并被广泛应用。但随着工程实践发展，以下缺陷及局限性也逐渐显现：

（1）传统规范设计法通常需满足一定的结构体系、规则性、高度限制，而随着建筑形式多元化的发展以及各类新材料、新技术的涌现，突破以上限制的结构越来越多，传统规范法逐渐难以满足工程实践的需要。

（2）目前传统规范中对结构塑性发展的影响考虑相对粗略，尽管欧美日通过对不同结构体系引入不同的地震作用折减系数以在弹性设计中考虑延性差异，但其取值严格说来与结构体系、建筑材料、自振周期等均有密切联系，目前应用仍属于简化和经验性的方法[21]。另外，由于规范标准制定周期通常较长，即使通过规范更新地震作用折减系数来反映结构体系的抗震性能差异，也难以顺应工程实践中快速发展的新材料、新技术和新体系的应用要求。

（3）传统规范设计法中设定的结构设防水准是对结构抗震性能目标的宏观定性描述，虽然已有多次震害验证了国内外传统规范设计法对保证生命安全的有效性，但对有效减少财产损失难以实现准确、可控的目标[22]。

（4）我国《抗规》采用统一的地震作用折减系数，一定程度上低估了如钢结构等高延性结构的良好抗震性能，并影响了其推广应用[20]。

1.2.2　抗震性能化设计方法的提出

1989 年，美国洛马普列塔发生 M7.1 级地震，导致 63 人死亡、3000 余人受伤和高达 150 亿美元的经济损失。1994 年，美国北岭 M6.7 级地震，伤亡人数仅 57 人，而经济损失却高达 170 亿美元。1995 年，日本阪神 M7.1 级地震，死亡 5000 多人，经济损失达到创纪录的 1000 亿美元，震后重建工作花费近两年时间[23,24]。这几次地震证明了严格遵循传统规范设计法设计的建筑结构虽然可做到结构主体在罕遇地震下不发生倒塌，却无法避免房屋结构特别是非结构构件及内部设备的破坏，而由此造成的巨大经济损失和社会影响往往难以被接受。人们深刻意识到，传统的以保障人身安全为基本目标的抗震设计思想并不完善，已无法适应现代社会对结构抗震性能的要求。

基于上述认识，在 20 世纪 90 年代初，Bertero 首次提出"抗震性能化设计"的概念[25]，提出对结构进行基于位移的抗震设计，使结构的变形能力满足预期地震水准下的变形需求。这被认为是一种更为合理的设计理念，代表了未来结构抗震设计的发展方向，得到了世界各国的广泛重视。

由于在设防地震与罕遇地震作用下，结构的地震响应通常是非线性的，不仅结构材料出现强度与刚度退化及结构性破坏，结构侧移引起的几何非线性影响也十分显著，即结构与构件的弹塑性变形决定了结构损坏程度，故对此类变形的准确计算成为抗震设计中评价结构损坏程度的先决条件[26]。传统规范设计法主要依赖结构弹性分析，对结构在强震作用下的非线性行为和性能表现只能通过严格控制刚度与刚度分布，借助与抗震等级对应的商定系数与延性措施来实现原则性包络。抗震性能化设计方法则强调对结构进行弹塑性分析，并通过性能评价准则对结构与构件抗震性能进行全面评价，更全面地把控结构的非线性行为，保证设计结果的可信度[5]，实现"所见即所得"的设计效果。我国传统规范设计方法与抗震性能化设计方法的对比如表 1-1 所示。

我国传统规范设计方法与抗震性能化设计方法的对比　　　表 1-1

项目	我国传统规范设计方法	抗震性能化设计方法
设防目标	"三水准"设防，小震采用承载力验算，大震采用位移角验算，其余为宏观性能要求；根据建筑重要性分为四类，对应不同的防倒塌宏观控制	根据建筑使用功能及地震影响程度，由业主选择预期性能目标，包括结构、非结构及各类设施的具体性能指标
实施方法	按"处方式"条文规定进行设计；通过概念设计、小震弹性设计、经验性的内力调整与构造措施，以及对部分结构完成大震变形验算，实现预期的宏观性能目标	除满足基本要求外，需采用详尽的分析方法（如静力/动力弹塑性分析方法），必要的抗震措施与试验，评价论证预期性能目标能否满足

相对于传统规范设计法，抗震性能化设计方法的特点为：

（1）将结构抗震设计宏观定性的目标转化为具体量化的多重目标，业主、设计师具有自主选择空间，可针对不同设防烈度、场地条件及建筑重要性采用不同的性能目标与抗震措施；

（2）更重视在抗震设计中对结构性能的深入分析与论证，以保证性能目标的可靠实现；

（3）适合目前标准体系尚无明确规定的结构以及"超限"建筑结构的设计，可推动新材料、新技术和新体系的创新与应用。

1.2.3　抗震性能化设计方法的发展

美国对抗震性能化设计的研究较早，20 世纪 90 年代初，美国应用技术理事会（ATC）、联邦紧急事务管理局（FEMA）和加州结构工程师学会（SEAOC）便率先对抗震性能化设计理论展开了一系列的研究。1995 年，SEAOC 颁布了第一个基于性能的抗震设计指导性文件《A framework for performance-based engineering》Vision 2000[27]，该文件详细阐述了基于性能的抗震设计概念，建立了基本框架，包括结构设防水准、结构抗震性能目标与结构抗震设计等内容。1996 年，FEMA 颁布了第一本基于性能的建筑抗震加固指南《NEHRP guidelines for the seismic rehabilitation of buildings》FEMA 273 及其注释 FEMA 274[28]，提出了对既有建筑结构损伤状态进行评定及加固的多重性能目标，并根据构件受力特点将其区分为力控制与变形控制，同时规定了实现这些性能目标的分析与设计方法。为推动该指南的应用，并致力于使该指南提出的抗震性能化设计方法成为设计与工程应用主流，FEMA 于 2000 年在对 FEMA 273 和 FEMA 274 成果进行整合、修订的基础上，颁布了预备性法制规范《Prestandard and commentary for the seismic rehabilitation of buildings》FEMA 356[29]。2006 年，美国土木工程师协会（ASCE）在 FEMA 356 基础上颁布了《Seismic rehabilitation of existing buildings》ASCE 41-06[30]，用于根据抗震性能评价结果对既有建筑进行加固，标准中给出了各种性能水平下结构构件的性能评价指标限值。之后，ASCE 又分别在 2013 年修订形成《Seismic evaluation and retrofit of existing buildings》ASCE 41-13[31]，并在 2017 年更新为《Seismic evaluation and retrofit of existing buildings》ASCE 41-17[32]，形成了一套综合的既有建筑物抗震性能评价与加固法规性标准。为指导新建建筑结构基于性能的抗震设计，美国太平洋地震工程研究中心（Pacific Earthquake Engineering Research Center）于 2010 年颁布了《Guidelines for performance-based seismic design of tall buildings》TBI-2010[33]，为建筑抗震设计提供了一个全新的基于性能的抗震设计方法，并明确其可作为替代美国常规抗震规范 ASCE 7-16 和 IBC 规定的设计程序进行应用的一种选择。主要创新包括：采用正常使用地震水准（Service level earthquake shaking，简称 SLE 水准）和最大考虑地震水准（Risk-targeted maximum considered earthquake，简称 MCE_R 水准）两阶段设计；明确了基于结构整体和结构构件的性能评价准则；引入关键和非关键构件的概念等，目前该指南已更新到 TBI-2017 版本[34]，为近年来美国抗震性能设计的代表性成果。世界高层建筑与都市人居学会（CTBUH）2017 年编著的《Performance based seismic design for tall buildings》[35]，通过案例分析，展示了在进行抗震性能化设计时经常遇到的问题与相应的解决方案，以加深从业人员对抗震性能化设计的理解。此外还有旧金山建筑部门 2007 年编制的《Requirements and guildlines for the seismic design of new tall buildings using non-prescriptive seismic-design procedures》AB-083[36]，以及洛杉矶高层结构委员会（LATBSDC）2020 年编写的《An alternative procedure for seismic analysis and design of tall buildings located in the Los Angeles region》LATBSDC-2020[37]等，结合美国各地区需求，对抗震性能化设计的应用进行了进一步的探讨。表1-2为美国近年来抗震性能化设计相关法规的主要发展历史。

美国抗震性能化设计相关法规的主要发展历史 表1-2

年份	性能化设计文件	主要内容
1995	Vision 2000	建立了基于性能的抗震设计方法的主要框架，详细阐述了地震设防烈度、结构性能水准、结构性能目标等关键概念
1997	FEMA 273	第一本基于性能的抗震设计规范
2000	FEMA 356	预备性法制法规
2006	ASCE 41-06	法规性规范
2017	ASCE 41-17	综合的抗震法规性标准
2010	TBI-2010	高层建筑基于性能抗震设计指南
2017	TBI-2017	最新版，美国基于性能抗震设计研究的代表性成果
2007	AB-083	旧金山地方性法规
2020	LATBSDC-2020	洛杉矶地方性法规

日本在经历了1995年阪神地震后，启动了一项为期3年名为"建筑结构现代工程方法开发"的研究项目，对抗震性能化设计中关于性能水准定义、性能评价流程与方法、结构抗震性能化设计规范框架等内容展开了研究[38,39]。1996年，日本政府宣布建筑标准根据抗震性能化要求进行修订；2000年，修订完成的新《建筑基准法》（Building standard law）正式提出可采用能力谱方法实现结构的抗震性能化设计[24]。2005年日本建筑中心出版《基于能量平衡的抗震计算方法技术规程》[40]，综合考虑了结构承载力、位移和累积耗能反映结构的抗震能力，沿用《建筑基准法》的两阶段设计，并通过结构耗能能力进行验算，蕴含了抗震性能化设计思想。2017年日本建筑结构技术者协会（JCSA）出版《JSCA性能设计手册》[41]，明确了抗震性能化设计基本概念，规定可通过抗震性能的设定、抗震性能的构建和抗震性能的评议三个步骤完成结构的抗震性能化设计。

欧洲混凝土协会（CEB）于1998年出版了《钢筋混凝土结构控制弹塑性反应的抗震设计：设计概念及规范的新进展》，提出采用基于位移的方法对既有建筑的抗震性能进行评价，从而指导抗震加固设计。2003年欧洲规范EC8纳入能力谱法用于结构的抗震性能化设计。

在我国，谢礼立[42]于2000年首次介绍了基于性态的抗震设计（即抗震性能化设计）概念，并针对我国抗震设防标准中存在的问题，提出了基于性态抗震设计的三环节抗震设防方法，构建了一套相对完整的性态抗震设计框架，用于指导相关规范的编制[43]。2002年，马宏旺、吕西林[44]针对现行抗震设计方法的不足，对国际上已经广泛研究的抗震性能化设计所涉及的问题进行了总结，阐述了性能化设计的概念、主要内容、设计方法以及与现行抗震设计方法的异同。2004 年，由谢礼立等人主要起草的《建筑工程抗震性态设计通则》CECS 160：2004[45]（简称《性态设计通则》），首次根据建筑使用功能的不同对我国"三水准"性能目标进行了细化区分，体现了抗震性能化设计的思想，这是我国第一本具有样板规范性质的工程抗震设计技术文件。2005 年，徐培福、戴国莹[46]将抗震性能化设计法和传统的抗震设计方法进行了对比，指出抗震性能化设计的特点是将抗震设计的定性目标转换为定量目标，同时针对超限高层建筑结构特点，提出了结构的五级性能目标与六级性能水准，规定了包括承载力计算时分项系数取值、地震作用调整系数取值和抗震措施等一般要求。2008 年，王亚勇等[47]通过分析比较混凝土框架结构和高层混凝土框架-剪力墙结构 2 个实际案例，对按不同建筑抗震设防类别和性能目标设计的结果进行了对比，指出了对结构关键部位与关键构件进行性能化设计通常可达到最为经济有效的结果。2013 年，杨志兵、徐其功[48]结合广东省《钢结构设计规程》DBJ 15-102—2014[49]（简称《广东省钢规》）的编制过程，对我国规范中性能化设计内容与美国 ASCE 41/FEMA 356 规范进行了详细对比，并通过钢框架-核心筒案例模型分析，论述了钢结构性能化设计的必要性。在已有研究的基础上，现行《抗规》、《高层民用建筑钢结构技术规程》JGJ 99—2015[50]（简称《高钢规》）、《钢结构设计标准》GB 50017—2017[51]（简称《钢标》）和《广东省钢规》等均正式纳入了性能化设计章节。

中国勘察设计协会《建筑结构抗震性能化设计标准》T/CECA 20024—2022[52]（简称《性能化设计标准》），在参考《抗规》《高钢规》《钢标》抗震性能化设计相关规定的基础上，对性能化设计中涉及的建模要求、分析方法以及构件评价等方面进行了调整和完善，成为国家规范的有效补充，代表了近年我国在抗震性能化设计方面较为前沿的研究进展，本书关于常用受弯和压弯钢构件性能评价准则的研究成果已纳入该标准。

1.3 多高层钢结构抗震性能化设计与应用研究现状

1.3.1 钢结构抗震性能化设计方法研究现状

经过多年的发展，目前用于指导钢结构抗震性能化设计的相关标准中，美国的系列标准相对最为系统全面，也更多地被参考应用于实际工程，我国《抗规》《高钢规》《钢标》与《广东省钢规》等也均给出了相关设计思路与建议。

1.3.1.1 美国钢结构抗震性能化设计

美国 TBI-2017 提供了一套用于指导高层建筑结构设计的完整抗震性能化设计方法，应用于钢结构时，需配合如 FEMA 356、ASCE 41-13、ASCE 41-17 等标准建立的性能评价准则。TBI-2017 的主要特点包括：

（1）该方法独立、完整、自成体系，包括了从性能目标设定、地震动输入选择、概念设计与初步设计，到模拟和分析方法、性能评价方法的全套设计流程，并明确可作为替代

ASCE 7-16 或 IBC 规定的传统规范设计法应用的一种选择。

（2）该方法仅规定了结构抗震设计时所必须满足的最低性能目标要求，以保证按该方法设计的结构具有不低于按传统规范设计法设计的类似结构的抗震性能；根据项目实际需要或业主额外需求，可以设定更高的性能目标，使结构设计具有较大的自主空间。

（3）通常情况下，采用该方法仅需进行 SLE 水准与 MCE$_R$ 水准两个地震水准下的结构计算，类似于我国规范采用的两阶段设计思路。当有特殊需求时，可补充设防地震下的计算。

（4）对于 SLE 水准下的结构计算，可采用线性分析或非线性分析方法；对于 MCE$_R$ 水准下的结构计算，要求必须采用非线性时程分析方法。

（5）根据不同地震水准下的计算结果，要求分别进行结构层次和构件层次的性能评价，其中性能评价采用的性能评价准则可根据 FEMA 356、ASCE 41-13、ASCE 41-17 等相关标准或研究资料确定，具体评价内容如表 1-3 所示。

TBI-2017 性能评价内容 表 1-3

内容		SLE 水准		MCE$_R$ 水准
地震重现期		43 年（30 年超越概率 50%）		2475 年（50 年超越概率 2%）
分析方法		线性分析	非线性分析	非线性时程分析
结构总体指标		层间位移角不得超过 0.5%		瞬时层间位移角 ≤ 4.5%，平均值 ≤ 3% 残余层间位移角 ≤ 1.5%，平均值 ≤ 1%
构件指标	变形控制效应	需求-承载力比不超过 1.5	变形小于变形限值	变形限值满足性能目标要求
	力控制效应	需求-承载力比不超过 1.0	计算内力不超过期望强度	根据构件类别分别验算

1.3.1.2 我国钢结构抗震性能化设计

我国于 1989 年颁布的《建筑抗震设计规范》GBJ 11—89[53]（简称 89 版《抗规》）中提出的"小震不坏、中震可修、大震不倒"三水准设防目标及两阶段设计方法，可视为我国抗震性能化设计思想的雏形[1]，其中三水准设防目标属于定性的性能目标，两阶段设计中采用的多遇地震（重现期 50 年）、罕遇地震（重现期 1600～2400 年）水准与 TBI-2017 的 SLE（重现期 43 年）、MCE$_R$（重现期 2475 年）水准相当。经过多年的工程技术发展与经验积累，我国现行《抗规》正式纳入了"抗震性能化设计"章节，建立了结构抗震性能化设计的基本原则和主要步骤，并给出了针对结构构件的性能目标参考建议及相应的性能评价方法，但相关条文主要基于混凝土结构的特点制定。《高钢规》《钢标》和《广东省钢规》在相关规定的基础上，根据钢结构特点对性能目标设定和设计流程进行了细化，提高了性能化设计的可操作性。

然而，上述规范与标准所推荐采用的设计方法在应用时依然需要满足传统规范设计法以小震设计包络大震不倒所需的抗震措施等要求，可视为传统规范设计法的"叠加增强"。现行《钢标》中，有关性能化设计方法仅适用于抗震设防烈度不高于 8 度（0.20g），结构高度不高于 100m 的钢框架结构、钢支撑结构和钢框架-钢支撑结构的构件和节点；且该方法通过设定性能系数进行中震设计以期满足"大震不倒"的要求，本质上与欧美传统规范设计法接近。总体而言，目前我国尚未形成完整独立的抗震性能化设计体系，几本规范与标准中关于钢结构的抗震性能化设计方法也尚不统一，仍然需要进一步发展完善。关于国内不同规范标准中钢结构抗震性能化设计方法的详细对比与分析将在本书第 2 章进一步展开。

1.3.2 钢结构性能评价准则研究现状

抗震性能化设计中，对于进入塑性状态的结构多要求采用弹塑性分析方法获取其地震响应，并以此实现对结构性能状态的准确评价，从而判断结构所处的性能状态能否满足预设性能目标的要求，此为评价抗震性能化设计结果是否合理的关键环节。

准确的性能评价结果需要基于定量的性能评价准则。根据评价对象的不同，钢结构性能评价准则一般可分为结构层次和构件层次。

1.3.2.1 结构层次性能评价准则

结构层次的性能评价准则通常以层间位移角为性能评价指标，这也是目前大多数国家抗震规范采用的方法。对于常见结构体系在不同地震水准下的层间位移角限值，各国规范均有明确规定。如 FEMA 356 和《抗规》在抗震性能化设计章节中，给出了几种典型结构体系的层间位移角参考限值，其中钢结构相关的参考限值如表 1-4 和表 1-5 所示。王朝波[54]以结构破坏状态为依据，提出了将多高层钢结构性能水准划分为 6 级，在对已有研究成果的总结基础上，给出了多高层钢结构层间位移角限值建议，如表 1-6 所示。因性能水准等级划分的不同，以上规范和学者给出的层间位移角限值并不相同，但总体而言具有一致性。《抗规》目前对钢结构层间位移角采用统一的限值，未体现不同类型钢结构之间的特点与差异。

FEMA 356 层间位移角参考限值　　　　　　　　　　表 1-4

结构类型	结构性能水准		
	立即使用（IO）	生命安全（LS）	防止倒塌（CP）
钢框架	1/140	1/40	1/20
支撑钢框架	1/200	1/66	1/50

《抗规》层间位移角参考限值　　　　　　　　　　表 1-5

结构类型	完好	轻微损坏	中等破坏	不严重破坏
钢结构	1/300	1/200	1/100	1/55

文献[54]建议的多高层钢结构层间位移角限值　　　　　　　　　　表 1-6

结构类型	完好	轻微破坏	中等破坏	较重破坏	严重破坏	完全破坏
钢框架	1/300	1/150	1/100	1/40	1/30	≥1/30
支撑钢框架	1/300	1/200	1/100	1/65	1/50	≥1/50

对于其他形式的多高层钢结构层间位移角限值，也有较为丰富的研究成果。如樊春雷[55]统计了国内外数十个不同形式的钢板剪力墙试验数据，并将结构性能水准划分为正常使用、功能连续、修复后使用、生命安全和防止倒塌 5 个等级，综合考虑提出了钢框架-钢板剪力墙对应各性能水准等级的层间位移角限值。

尽管层间位移角是目前较为统一的用于结构层次性能评价的指标，但目前对应于结构性能水准等级的划分尚未达成一致。对于特殊的钢结构体系，相应的结构层次性能评价准则应根据相关资料或试验数据等确定。

1.3.2.2　构件层次性能评价准则

用于评价构件损坏程度的性能评价指标较为多样，主要包括力、变形、耗能、损伤等，其中基于耗能和损伤等对构件进行性能评价较为复杂，尚未达到可实际应用的程度，目前在各国规范标准体系中，通常采用基于力和基于变形的性能评价准则进行构件层次的性能评价。

（1）国外钢结构构件性能评价准则

美国规范关于钢结构构件性能评价准则的规定较为完备，FEMA 356、ASCE 41-13、ASCE 41-17 等规范均给出了相应的标准。为对具有不同延性能力的构件进行区分，以上规范根据构件的归一化标准荷载 Q-位移 Δ 曲线形状，将作用于构件的效应区分为"力控制"与"变形控制"两种类型，如图 1-3 所示。其中对于作用于结构主要构件的效应，当其荷载-位移曲线属于类型 1 或类型 2，且满足 $d \geqslant 2g$ 时，划分为"变形控制"效应；当荷载-位移曲线属于类型 1 或类型 2，但 $d < 2g$，或属于类型 3 时，划分为"力控制"效应。对于作用于结构次要构件的效应，当其荷载-位移曲线属于类型 1，或者属于类型 2 或类型 3 且满足 $f \geqslant 2g$ 时，划分为"变形控制"效应，其余情况则划分为"力控制"效应。

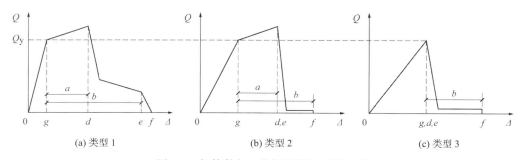

(a) 类型 1　　　　　　　(b) 类型 2　　　　　　　(c) 类型 3

图 1-3　钢构件归一化标准荷载-位移曲线

构件在"力控制"效应下的破坏模式表现为脆性破坏，一般以承载力作为性能评价指标；构件在"变形控制"效应下的破坏模式表现为延性破坏，具有可靠的非线性变形能力，一般以塑性变形作为性能评价指标。

对于构件的"变形控制"效应，FEMA 356 与 ASCE 41-13 给出了相同的性能评价准则，其中对于梁、柱构件，均采用构件"弦转角"作为性能评价指标，弦转角定义见图 1-4。

建议的性能评价准则，根据构件截面板件宽厚比和轴压比，对构件类型进行了区分，并对应定义不同的变形限值。其中对于钢柱构件，规定当轴压比大于 0.5 时，其弯曲作用一律按"力控制"效应考虑。

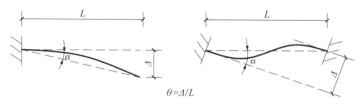

图 1-4　弦转角定义

Lignos 等[56]总结近年来钢柱在循环荷载作用下的滞回性能试验研究，指出钢柱的变形能力受轴压比、截面尺寸和构件长细比影响显著，而 ASCE 41-13 给出的骨架曲线参数没有合理体现上述现象。另外，美国《建筑设计非线性结构分析指南》NIST GCR 17-917-46v2[57]指出，对于中等延性和高延性构件，采用美国标准 ASCE 41-13 建议的构件弦转角模型骨架曲线会高估结构的弦转角延性，如图 1-5 所示。

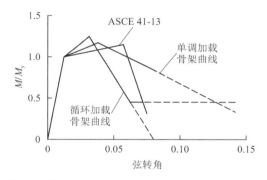

图 1-5　高延性构件单调与循环加载骨架曲线与 ASCE 41-13 骨架线对比[57]

ASCE 41-17[32]根据 Elkady、Suzuki、Uang 等人对 220 个钢柱的滞回性能的研究成果[58]，对钢柱构件的性能评价准则中性能评价指标取值进行了更新，在极限变形、残余承载力的表达式中考虑了构件长细比、腹板高厚比以及轴压比的影响，并且规定将钢柱侧向弯矩划分为"力控制"效应的轴压比限值从 ASCE 41-13 的 0.5 提高至 0.6[56]。总体而言，ASCE 41-17 修正后的性能评价指标考虑因素更为全面，评价结果更为准确。

（2）国内钢结构构件性能评价准则

在我国现行与抗震性能化设计相关的国家标准和规范中，主要通过结构层间位移角和构件承载力对结构的性能进行评价，而基于构件变形的评价准则并没有明确规定。然而，对于允许进入塑性状态的构件，采用承载力作为性能评价指标缺乏合理性。《抗规》通过限制板件宽厚比来保证钢结构构件的变形能力，虽可从一定程度上保证结构的安全，但无法根据计算结果判断构件的性能状态，难以实现精准的基于性能的设计。特别是对于延性较好的钢结构构件而言，体现不出其良好的抗震能力优势。

邓椿森、施刚等[59]对比研究了中外抗震设计规范对工字形截面和箱形截面钢柱板件宽厚比限值规定的异同，指出我国《抗规》对钢柱板件宽厚比的规定有其合理性，但同时存在一定的不足，如没有定量的延性指标，且钢柱腹板高厚比限值没有考虑轴压比影响，导致轴压比较小时宽厚比过于严格。鉴于多高层钢结构的特点，文献[48,54]认为采用基于变形的评价准则能较好地反映结构破坏状态，同时采用层间位移角与构件变形对结构损坏程度进行双控，是较为合理的性能评价方法。由于我国现行规范中针对钢构件变形能力的定量评价标准并不完善，实际应用中多参考美国的相关文献或标准，如近几年发布的《建筑抗震韧性评价标准》GB/T 38591—2020[60]（简称《韧性评价标准》）与《建筑结构抗倒塌设计标准》T/CECS 392—2021[61]，均参考美国 ASCE 41-13 为部分钢构件提供了基于构件变形的性能评价方法。但汪大绥[62]指出，由于美国规范与我国规范对构件性能目标的设定方式、等级划分等并不一致，因此美国规范的相关评价准则并不能完全适用。

虽然目前我国尚未有针对钢构件性能评价准则的系统性研究，但已有学者针对各种类型钢构件的变形能力开展了大量的研究工作，其研究成果可为建立我国钢结构构件基于变形的性能评价准则提供参考。

2000 年，苏明周等[63,64]采用自编的有限元程序分析了箱形截面钢压弯构件受常轴力、循环弯矩作用时的循环非线性性能，得到了箱形截面钢压弯构件在常轴力、循环弯矩作用下的滞回性能和主要影响因素，并根据构件的承载力和变形能力对强震条件下的板件宽厚比限值提出了建议。

2001 年，郑宏[65]建立了结构钢弹塑性各向异性损伤本构模型并编制了板壳结构非线性计算程序，系统研究了双轴对称 H 形截面悬臂梁、柱在循环荷载作用下的滞回性能，分析了构件长细比、板件宽厚比、轴压比等因素对压弯构件平面外滞回性能的影响规律，提出了不需计算整体稳定的构件最大长细比建议公式。考虑抗震设计中梁柱的承载力与延性需求，提出了构件翼缘和腹板高厚比限值的相关公式。

2009 年，王晓燕等[66]通过对我国《钢结构设计规范》GB 50017—2003 中梁翼缘腹板高厚比限值的理论推导，并与北美规范 ANSI/AISC 中的宽厚比限值比较，发现我国规范中未考虑腹板和翼缘板件之间的相互约束作用，导致宽厚比限值偏于保守。

2012 年，罗永峰等[67]根据构件承载力为位移延性确定了与《抗规》四个抗震等级相对应的定量判定标准，并根据试验结果给出了箱形柱腹板高厚比限值。

2013 年，陈以一等[68-70]通过试验与有限元研究，认为薄柔截面（截面等级相当于 S3～S5）构件也具有一定的延性与耗能能力，并给出了可用于抗震设计的梁柱构件截面宽厚比限值。

2017 年，邓长根等[71]通过焊接 H 形截面纯弯钢构件的有限元模型，分析了腹板高厚比、翼缘宽厚比和腹板-翼缘相对宽厚比对构件局部稳定系数的影响并拟合了计算公式。根据构件整体稳定极限弯矩与弹塑性局部相关屈曲极限弯矩相等的"等稳原则"推导出焊接 H 形截面腹板和翼缘宽厚比限值曲线。

2020 年，程欣等[72]对国内外现行钢结构规范关于 H 形压弯钢构件截面分类的相关规定进行了综述，发现大多数规范都遵循单一板件规则。基于经试验校准的非线性有限元模型，进行了不同翼缘宽厚比、腹板高厚比及轴压比组配下的 H 形截面钢构件绕强轴压弯的参数分析，证实了考虑板件相关作用的必要性，基于构件极限承载力，提出了 H 形截面压弯钢构件绕强轴弯曲时 S2～S5 级截面分类方法。

以上研究指出，我国规范中关于钢构件板件宽厚比限值的规定基于单一板件原则，未考虑腹板和翼缘间的相互作用，取值偏于保守。通过研究不同因素对钢构件承载力与延性的影响，分别提出了基于不同分类原则的钢构件板件宽厚比限值取值建议。此外，还有学者基于不同的变形指标，对钢构件的延性展开了研究。

2002 年，周锋[73]提出了 H 形截面宽肢薄腹构件的数值分析模型并进行了试验验证。采用该模型进行了不同参数条件的压弯构件在循环荷载作用下的滞回性能分析，分析了构件翼缘宽厚比、腹板高厚比和轴压比等参数对构件位移延性系数的影响。

2013 年，孙飞飞等[74]研究对比了普通钢与高强钢 H 形截面压弯钢构件基于位移的延性系数，指出高强钢构件延性略差，耗能能力与普通钢构件相当，并建立了高强钢压弯构件弯矩-曲率滞回模型。

2013 年，李海峰等[75]通过有限元分析，研究了腹板高厚比、构件轴压比及平面外长细比、柱顶弯矩等因素对箱形偏压钢柱抗震性能的影响。在此基础上，提出了箱形钢构件腹板高厚比、平面外长细比限值等抗震设计建议。引入箱形钢柱位移角用于衡量构件变形需求，进而提出了大跨度空间钢结构的构件抗震等级划分方法。

2014 年，付波、童根树等[76-79]通过有限元参数分析，研究了在单调压弯荷载作用下工字形截面和箱形截面的变形能力，通过回归分析得到了基于曲率定义的截面延性系数与通用宽厚比的简洁关系式，并根据结构影响系数将截面分为 5 类，推导出了各类截面板件宽厚比分界限值。

以上研究对不同截面形式、受力状态与加载条件的钢构件承载力与延性进行了分析，探究了各种因素对钢构件承载力与延性的影响，同时指出我国规范中通过限制板件宽厚比保证构件延性存在的不足。但是现有的对于定量表征钢构件变形能力的研究尚不充分，尤其缺少可为抗震设计提供参考的循环加载条件下的相关成果。

《性能化设计标准》基于本书开展的部分试验研究、有限元模拟分析成果，结合相关研究资料，首次根据我国钢结构构件截面分类，提出了受弯与压弯钢构件基于应变的性能评价准则，可为钢结构抗震性能化设计中对构件性能状态的准确评价提供重要的参考依据。

1.3.3 抗震性能化设计在多高层钢结构工程中的应用现状

自抗震性能化设计思想提出以来，国内外学者与工程师对该方法在结构工程中的应用展开了广泛探索。目前已在高层钢筋混凝土结构[35,80,81]以及体育馆、航站楼等大跨空间钢结构[82-85]中得到了较多的应用，但在多高层钢结构中的应用还较少。

张倩[86]、关雨辰[87]、于晓露[88]等学者结合钢框架结构试验数据与数值分析结果，提出可采用层间位移角、层间侧移比、构件转角、应力比等指标对钢结构性能状态进行评价，给出了建议的性能目标，并论述了不同分析手段的应用方法。在已有的理论研究成果基础上，近年来也有部分多高层钢结构工程采用抗震性能化设计方法完成了设计。

2014 年，王启文等[89]针对 8 度区结构高度 255m 的某框架角撑外筒 + 框架支撑内筒超高层超限钢结构，以多遇地震、设防地震和罕遇地震下结构的层间位移角和构件弹性或不屈服作为性能目标，采用动力弹塑性方法进行了抗震性能化设计。

2019 年，李雨航等[90]针对 8 度区某高层钢框架中心支撑结构进行了抗震性能化设计，通过层间位移角和 ASCE 41-13 的构件性能评价准则进行结构和构件的性能评价，并对阻尼器的布置进行了优化设计。

2021 年，毛俊杰[91]针对上海浦东区某 66.3m 钢框架超限高层结构进行了抗震性能化设计，该结构存在扭转不规则、偏心布置、楼板局部不连续、侧向刚度不规则、局部跃层柱等多个超限项，设计中采用了反应谱、弹性时程分析和 Pushover 分析等多种分析方法计算结构响应，通过层间位移、层间位移比、支撑倾覆力矩比、层间剪切刚度比、结构塑性发展机制等控制结构性能，另外，对跃层柱、悬挑端、收进部位等进行了专项分析和加强。

以上钢结构工程的结构设计中均引入了抗震性能化设计理念，并实现了良好的结构抗震性能，但受限于我国规范关于抗震性能化设计方法的不完善，所采用的设计手段与分析方法尚不统一，性能评价多为定性判断，而评价指标主要限于层间位移角和应力比等，针对构件变形的定量性能评价鲜有涉及。总体而言，目前抗震性能化设计在多高层钢结构工程中的应用与研究还待进一步完善。

1.4 当前研究存在的不足及本书研究内容

1.4.1 当前研究存在的不足

由上文论述可见，我国目前在多高层钢结构的抗震性能化设计方面，与国际上最新的研究成果相比，尚存在以下不足：

（1）我国关于抗震性能化设计的要求分布在多本规范与标准中，在设计思路、性能目标选取、分析方法等方面的规定并不一致，且有一定的适用范围，尚未形成完整、统一、独立的设计体系。在应用时仍然需要满足传统规范设计法要求的部分抗震措施，可视为是传统规范设计法的"叠加增强"设计方法，与国外抗震性能化设计方法可作为替代选择的完备方法体系相比还存在一定差距。

（2）在进行钢结构性能评价时，我国主要采用层间位移角和构件承载力作为性能评价指标，构件的变形主要通过截面板件宽厚比或截面等级等抗震措施控制，难以准确评价不同钢结构体系以及不同构件在地震下的延性需求与性能状态。实际应用中构件变形评价准则主要参考国外规范，但由于国内外截面分类、钢材属性以及构件性能水准等级划分的不同，直接应用并不合理。

（3）与钢筋混凝土结构相比，抗震性能化设计在多高层钢结构实际工程中的应用研究还较少，已有的工程应用案例中采用的技术途径并不统一，且由于现行规范中性能评价准则的不完善，应用中性能目标的设定主要依赖设计师经验，尚未形成完备统一的设计方法。

1.4.2 本书研究方法与内容

为推动我国多高层钢结构抗震性能化设计的发展，本书通过理论分析、试验研究、数值计算和工程应用等方法，对多高层钢结构抗震性能化设计中的若干关键问题进行研究：

（1）多高层钢结构抗震性能化设计方法研究

对比分析目前国内外抗震性能化设计方法，剖析现有设计方法的局限性。基于抗震性能化设计本质和特点，厘清基于性能的抗震设计方法思路，研究提出适用于我国多高层钢结构的抗震性能化设计体系，建立具体的设计流程。

（2）多高层钢结构构件层次性能评价准则研究

多高层钢结构中梁、柱构件截面形式主要有 H 形和箱形等，本书以最为常用的 H 形截面受弯与压弯钢构件为对象，开展代表性构件试验，深入研究其在往复荷载作用下的变形发展模式及承载力、延性等性能特点。分别以转角、曲率和应变表征构件变形能力，对比分析不同设计参数对构件延性的影响。在试验结果基础上，采用有限元模拟方法进行参数分析，系统研究不同设计参数、加载制度与截面形式对构件延性的影响。最后综合考虑地震响应特点，结合我国规范构件截面等级分类和轴压比分级，从工程应用角度建立受弯与压弯钢构件的性能评价准则。

（3）多高层钢结构抗震性能化设计的工程应用

应用本书提出的钢结构抗震性能化设计方法，结合提出的钢构件性能评价准则，对某高烈度区（8 度 0.3g）的高层减震钢结构项目进行性能化设计。该工程采用钢框架-钢板墙核心筒＋黏滞阻尼墙的新颖结构体系，根据结构体系与结构构件受力特点，详细论述性能目标的分层分级设定、力学模型的建立、分析方法的选择以及性能评价准则的应用等。最后从结构屈服机制、构件损坏程度分析和抗震韧性评价等方面验证结构的抗震性能，论证本书钢结构抗震性能化设计方法的可靠性、有效性和先进性，形成具有示范意义的工程应用。

本书技术路线与主要章节编排见图 1-6。

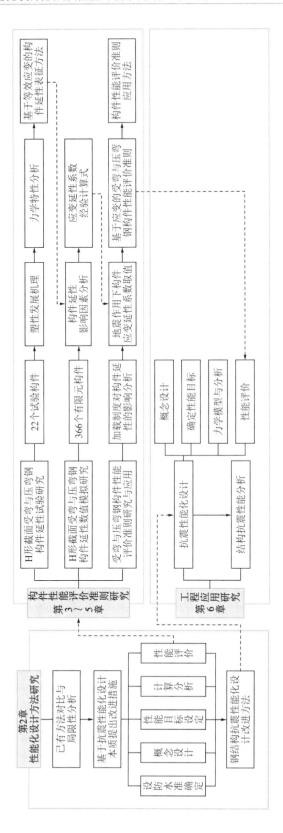

图 1-6 本书技术路线与主要章节编排

第 2 章

多高层钢结构抗震性能化
设计方法研究

鉴于目前我国尚未形成统一完整的多高层钢结构抗震性能化设计方法与标准，本章首先对我国现行《抗规》《钢标》《高钢规》和《广东省钢规》中抗震性能化设计相关内容进行详细的梳理与分析，深入剖析现有设计方法的优缺点；同时结合抗震性能化设计本质，以及我国钢结构设计应用特点，对已有方法提出多项改进措施，以形成体系完备的适用于我国多高层钢结构抗震性能化设计的改进方法。

2.1 国内抗震性能化设计方法对比与分析

2.1.1 《建筑抗震设计规范》GB 50011—2010 性能化设计

我国 89 版《抗规》中正式明确"三水准设防"与"两阶段设计"，其设计方法和步骤已经具有抗震性能化设计的雏形，但性能目标限于宏观定性层面[24]。

自 2010 年起，为了对超出规范高度限制或规则性限制的结构（包括体型规则指标超限，或基于传统规范设计法抗震验算指标超限）提供设计依据，《抗规》对抗震性能化设计方法规定了设计基本原则和主要步骤，应用中主要涉及性能目标设定、分析方法选择和性能评价等内容。

2.1.1.1 性能目标

结构抗震性能目标通常采用地震水准与性能水准的对应组合进行描述，其中性能水准规定了结构在某一地震水准下可能出现的最大程度破坏。

《抗规》针对构件承载力和变形划分了不同的性能水准等级，当以提高结构抗震安全性为主时，可将性能水准等级按承载力分为 6 级，如表 2-1 所示；当确定结构损坏程度或运营情况等使用性能时，可将性能水准按层间位移角分为 8 级，如表 2-2 所示。为便于区分，本书用 B1～B6 描述承载力性能水准等级，用 D1～D8 描述变形性能水准等级。

《抗规》基于承载力指标的 6 级性能水准 表 2-1

承载力性能水准等级	基本描述	承载力指标
B1 级	完好	承载力按抗震等级调整地震效应的设计值复核
B2 级	基本完好	承载力按不计抗震等级调整地震效应的设计值复核
B3 级	轻微损坏	承载力按标准值复核
B4 级	轻～中等破坏	承载力按极限值复核
B5 级	中等破坏	承载力达到极限值后能维持稳定，降低小于 5%
B6 级	不严重破坏	承载力达到极限值后能维持基本稳定，降低小于 10%

注：1. 表中内容参考《抗规》表 M.1.1-1。
     2. 等效线性分析中应采用等效刚度和等效阻尼。

《抗规》基于层间位移角指标的 8 级性能水准 表 2-2

层间位移角性能水准等级	基本描述	位移指标
D1 级	完好	变形远小于弹性位移限值
D2 级	完好	变形明显小于弹性位移限值
D3 级	基本完好	变形小于弹性位移限值
D4 级	有轻微塑性变形	变形略大于弹性位移限值
D5 级	轻微损坏	变形小于 2 倍弹性位移限值
D6 级	轻～中等破坏	变形小于 3 倍弹性位移限值
D7 级	有明显塑性变形	变形约 4 倍弹性位移限值
D8 级	不严重破坏	变形不大于 0.9 倍塑性变形限值

注：表中内容参考《抗规》表 M.1.1-2。

在上述性能水准等级划分基础上，《抗规》对于结构构件按照性能目标从高到低划分为性能1～性能4，如表2-3所示，在设计时可针对不同部位、不同功能构件分别设定不同的性能水准等级。

《抗规》不同性能目标对应的性能水准组合 表 2-3

性能目标	多遇地震性能水准等级		设防地震性能水准等级		罕遇地震性能水准等级	
	承载力	变形	承载力	变形	承载力	变形
性能 1	B1 级	D1 级	B1 级	D3 级	B2 级	D4 级
性能 2	B1 级	D1 级	B2 级	D4 级	B4 级	D5 级
性能 3	B1 级	D2 级	B3 级	D5 级	B5 级	D7 级
性能 4	B1 级	D3 级	B4 级	D6 级	B6 级	D8 级

注：承载力指标相关的性能水准等级见表 2-1，变形指标相关的性能水准等级见表 2-2。

《抗规》的抗震性能化设计遵循"高承载力低延性"和"低承载力高延性"两种设计思路，在选用高承载力性能水准等级时可适当降低构件的延性构造要求，结构构件对应于不同性能目标的构造抗震等级关系如表2-4所示。其中性能1～2属于"高承载力"设计，性能 4 属于"高延性"设计。

结构构件对应于不同性能要求的构造抗震等级　　　表 2-4

性能目标	构造的抗震等级	
	构造要求	基本特点
性能 1	基本抗震构造	可降低二度
性能 2	低延性构造	可降低一～二度
性能 3	中等延性构造	可降低一度
性能 4	高延性构造	按常规要求

注：抗震构造措施不得低于按常规设计时对应于 6 度的要求，且应保证构件不发生脆性破坏。

2.1.1.2　分析方法

《抗规》规定，根据结构不同部位进入弹塑性阶段程度的不同，应分别选用不同的分析方法。当构件总体上为弹性或刚进入屈服时，可取等效刚度和等效阻尼，按等效线性方法计算；当构件总体上处于承载力屈服至极限阶段时，宜采用静力或动力弹塑性分析方法计算；当构件总体上处于承载力下降阶段，应采用计入下降段参数的动力弹塑性分析方法计算。

2.1.1.3　性能评价

《抗规》主要采用层间位移角和构件承载力进行性能评价。

验算构件承载力时，要求根据结构构件性能水准要求进行不同的地震内力调整，采用不同的地震效应组合与材料强度取值。对于结构构件的塑性变形能力，主要通过抗震措施要求保证。如对于钢框架结构，要求根据结构高度、抗震设防烈度以及抗震设防分类等确定框架梁、柱构件的板件宽厚比限值，竖向构件的变形则通过层间位移角进行限制，对于钢结构而言，建议的竖向构件对应不同破坏状态的层间位移角限值如表 2-5 所示。

钢结构竖向构件对应不同破坏状态的层间位移角参考限值　　　表 2-5

破坏状态	位移角限值	对应的定性描述
完好	1/300	变形小于弹性位移限值
轻微损坏	1/200	变形小于 1.5 倍弹性位移限值
轻～中等破坏	1/100	变形小于 3 倍弹性位移限值
不严重破坏	1/55	变形不大于 0.9 倍塑性变形限值

注：表中内容参考《抗规》附录 M 条文说明。

2.1.1.4　分析与探讨

《抗规》提供了抗震性能化设计的基本原则和主要步骤，在设计思路上主要遵循"等能量原则"。该原则由 Newmark 与 Hall[92] 于 1982 年提出，即对于中等周期结构（自振周期 0.65～1.05s），在同一地震作用下弹性体系与弹塑性体系的总输入能量近似相等，误差在工程允许范围内，该研究成果为建立强度折减系数与位移延性系数之间的关系提供了便捷途径[93]。基于该原理，如图 2-1 所示，采用高承载力设计时（如构件 E），结构对延性需求降低；而采用低承载力设计时（如构件 A），结构对延性需求则会提高。

但在实际应用中，"等能量原则"并不能适用于所有结构。以图 2-2 所示单自由度体系为例，设定其质量M为 840t，侧向刚度K分别为 33008kN/m 和 1322kN/m，计算周期$T = 2\pi\sqrt{m/k}$对应为 1.0s 和 5.0s；地震波峰值设为 0.4g，特征周期为 0.6s。对该体系进行动力弹塑性分析，获取其承载力-位移响应，其中体系承载力-位移关系采用二折线模型。

当该体系具有不同的侧向屈服承载力时，其承载力-位移需求曲线对比见图 2-3。可见当体系周期为 1.0s 时，随着屈服承载力提高，位移需求降低；而当体系周期为 5.0s 时，随着屈服承载力的增加，位移需求也相应增加。即对于长周期结构，提高结构承载力并不意味着一定可以降低变形需求，即此时并不遵循"等能量原则"。该结果与 Subhash C. Goel[94]论点一致，其认为在地震反应谱的等加速度区可采用"等能量原则"计算基底剪力，但在反应谱等速度区和等位移区"等能量原则"并不适用。

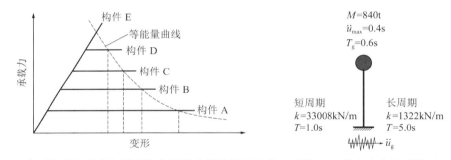

图 2-1　高延性低承载力与低延性高承载力设计原理示意　图 2-2　单自由度体系模型

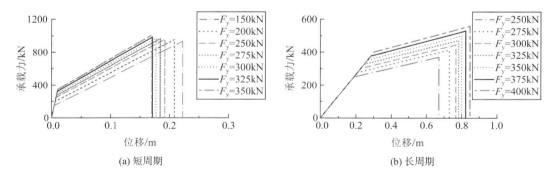

图 2-3　单自由度体系承载力-位移需求曲线

由于多高层钢结构往往具有较长的自振周期，因此如一律基于"等能量原则"进行抗震性能化设计，可能会得到不合理的结果。

在性能评价方法上，《抗规》采用层间位移角作为评价结构变形的指标，其在应用中具有一定的便捷性。但对构件的延性主要通过抗震措施进行控制，如在钢框架结构中主要通过与结构抗震等级相对应的板件宽厚比限值来保证钢构件延性，在该规定下，同一钢框架结构中不同位置的框架梁或框架柱均应满足相同的板件宽厚比限值，即具有相同的塑性变形能力；然而实际的钢结构中不同部位构件在地震作用下的塑性发展程度往往存在差异，即具有不同的塑性变形需求。文献[95]对某多高层钢结构在罕遇地震作用下的 Pushover 分析表明，低楼层框架柱出铰数量以及塑性铰变形发展程度明显高于高楼层，即低楼层柱延性需求明显更高。若根据《抗规》抗震措施要求对全楼框架柱采用同样的板件宽厚比限值，易造成上部楼层框架柱变形能力的冗余与浪费，而低楼层框架柱变形能力不足等现象。

此外，基于《抗规》的性能化设计方法在满足性能目标要求的基础上，仍然需满足传统规范设计法的基本抗震措施，实质上属于为达到更高性能要求的补充设计方法，难以实现性能化设计中综合权衡经济性需求和性能表现的初衷。

2.1.2 《高层民用建筑钢结构技术规程》JGJ 99—2015 性能化设计

2.1.2.1 性能目标

相比于《抗规》，《高钢规》对性能水准与性能目标进行了细化，其将结构抗震性能水准如表 2-6 所示划分为 5 个等级，将结构构件区分为关键构件、普通竖向构件和耗能构件 3 种类型，且规定了各类型构件对应的损坏程度，同时对结构宏观损坏程度与震后使用可能性等进行了定性的描述。在此基础上，结合不同的地震水准，如表 2-7 所示提出了可供工程师选择的性能 A～性能 D 共 4 级性能目标，一定程度上提高了设计的可操作性。

各性能水准预期的震后状况　　　　　　　　　　　　　　表 2-6

结构抗震性能水准	宏观损坏程度	构件损坏程度			继续使用的可能性
		关键构件	普通竖向构件	耗能构件	
1 级	完好	无损坏	无损坏	无损坏	一般不需要修理即可继续使用
2 级	基本完好	无损坏	无损坏	轻微损坏	稍加修理即可继续使用
3 级	轻度损坏	轻微损坏	轻微损坏	轻度损坏、部分中度损坏	一般修理即可继续使用
4 级	中度损坏	轻度损坏	部分构件轻度损坏	中度损坏、部分比较严重损坏	修复或加固后才可继续使用
5 级	比较严重损坏	中度损坏	部分构件比较严重损坏	比较严重损坏	需排险大修

注：关键构件是指该构件的失效可能引起结构的连续破坏或危及生命安全的严重破坏；普通竖向构件是指关键构件之外的竖向构件；耗能构件包括框架梁、消能梁段、延性墙板及屈曲约束支撑等。

结构抗震性能目标对应的性能水准要求　　　　　　　　　表 2-7

性能目标	地震水准		
	多遇地震	设防烈度地震	罕遇地震
性能 A	1	1	2
性能 B	1	2	3
性能 C	1	3	4
性能 D	1	4	5

2.1.2.2 分析方法

根据结构的性能水准,《高钢规》规定了不同的构件类型对应的设计要求,并且指定了相应的分析方法,其中对于第3~5级性能水准的结构,规定应进行弹塑性分析,如表2-8所示。

各性能水准构件承载力指标验算要求   表2-8

结构抗震性能水准	构件损坏程度			计算方法
	关键构件	普通竖向构件	耗能构件	
1级	弹性设计	弹性设计	弹性设计	弹性分析
2级	弹性设计	弹性设计	不屈服设计	等效线性分析
3级	不屈服设计	不屈服设计	部分可屈服	弹塑性分析
4级	不屈服设计	部分可屈服	多数可屈服	弹塑性分析
5级	不屈服设计	多数可屈服	部分可破坏	弹塑性分析

2.1.2.3 性能评价

《高钢规》规定根据结构性能水准选择不同的性能评价方法。对第1和第2级性能水准的结构,验算构件承载力;第3~5级性能水准的结构,通过弹塑性计算分析,在设防地震下验算构件承载力,在罕遇地震下验算层间位移角(不超过1/50)。

2.1.2.4 分析与探讨

《高钢规》对《抗规》的性能目标划分进行了细化,详细规定了各级性能目标下结构在不同地震水准需达到的性能水准等级,并对结构整体与不同类型结构构件的损坏程度以及结构震后使用可能性进行了明确区分,符合抗震性能化设计理念,但依然存在以下问题:

(1)规范预先设定了有限数量的性能目标等级,并规定不同性能目标对应的结构和构件性能水准,形成"菜单式"性能目标选项,限制了抗震性能化设计方法的使用范围和灵活性。

(2)对于进入塑性状态的构件,《高钢规》对构件允许达到的损坏程度仅进行了定性描述,缺乏定量的性能评价准则用于指导设计。

2.1.3 《钢结构设计标准》GB 50017—2017 性能化设计

2.1.3.1 性能目标

《钢标》在设定性能目标时,细化了《抗规》"高延性低承载力"和"低延性高承载力"两种设计思路,将结构构件划分为塑性耗能区(预设的屈服部位)与非塑性耗能区,通过规定构件塑性耗能区的性能目标控制构件的抗震性能。

塑性耗能区承载性能等级如表2-9所示划分为1~7级,并且引入表2-10所示性能系数概念,以考虑构件屈服后地震响应的降低;构件延性等级如表2-11所示划分为Ⅰ~Ⅴ级,并规定了对应于不同建筑设防类别及塑性耗能区承载性能等级的最低延性等级要求,其中不同延性等级对应于不同的截面板件宽厚比、轴压比、长细比等抗震措施要求。《钢标》通过性能系数考虑结构的承载力与延性之间的关系,并通过截面板件宽厚比等级考虑构件的延性[96]。

构件塑性耗能区的性能水准等级和目标　　　　　表 2-9

承载性能等级	地震水准		
	多遇地震	设防地震	罕遇地震
性能 1	完好	完好	基本完好
性能 2	完好	基本完好	基本完好～轻微变形
性能 3	完好	实际承载力满足高性能系数的要求	轻微变形
性能 4	完好	实际承载力满足较高性能系数的要求	轻微变形～中等变形
性能 5	完好	实际承载力满足中性能系数的要求	中等变形
性能 6	基本完好	实际承载力满足低性能系数的要求	中等变形～显著变形
性能 7	基本完好	实际承载力满足最低性能系数的要求	显著变形

规则结构塑性耗能区性能等级对应性能系数的最小值　　　表 2-10

承载性能等级	性能 1	性能 2	性能 3	性能 4	性能 5	性能 6	性能 7
性能系数	1.10	0.90	0.70	0.55	0.45	0.35	0.28

注：非塑性耗能区性能系数应乘以相应放大系数。

结构构件最低延性等级　　　　　表 2-11

设防类别	塑性耗能区最低承载性能等级						
	性能 1	性能 2	性能 3	性能 4	性能 5	性能 6	性能 7
适度设防类（丁类）	—	—	—	Ⅴ级	Ⅳ级	Ⅲ级	Ⅱ级
标准设防类（丙类）	—	—	Ⅴ级	Ⅳ级	Ⅲ级	Ⅱ级	Ⅰ级
重点设防类（乙类）	—	Ⅴ级	Ⅳ级	Ⅲ级	Ⅱ级	Ⅰ级	—
特殊设防类（甲类）	Ⅴ级	Ⅳ级	Ⅲ级	Ⅱ级	Ⅰ级	—	—

注：Ⅰ级至Ⅴ级，结构构件延性等级依次降低。

在设定结构性能目标时，通过承载性能等级和延性等级的合理匹配可实现不同的设计思路。以标准设防类（丙类）为例，既可选择性能等级 3+延性等级Ⅴ级（高承载力低延性），也可选择性能等级 7+延性等级Ⅰ级（低承载力高延性），当延性等级为Ⅴ级时，构件截面板件宽厚比可选用 S5 等级。

2.1.3.2　分析方法

《钢标》通过塑性耗能区的性能系数考虑构件进入塑性状态后刚度的降低，因此在进行结构分析时也侧重于采用弹性或等效线性方法进行计算。在多遇地震下，要求按照《抗规》规定进行计算，塑性耗能区构件可考虑刚度折减形成等效线性模型；在设防地震下，应保证塑性耗能区实际承载性能等级与预设性能系数接近；在罕遇地震下，应基于等效线性模型或弹塑性模型。

2.1.3.3　性能评价

《钢规》对结构的性能评价主要包括对层间位移角和构件承载力的验算，同时根据构件的延性等级采用相应的抗震措施以保证其延性,其中层间位移角的要求与《抗规》一致。

2.1.3.4 分析与探讨

《钢标》针对特定抗震设防类别,提供了多种可选的抗震设计方案,具有性能设计理念,对《抗规》的传统规范设计法做了很好的补充和完善,但在实际应用过程中仍存在一些不足:

(1)在适用范围上,《钢标》限定仅适用于抗震设防烈度不高于8度(0.20g),结构高度不高于100m的框架结构、支撑结构和框架-支撑结构的构件和节点,应是对"等能量原理"的谨慎应用。

(2)《钢标》尚未针对不同结构体系给出性能目标及性能等级的建议值。合理的性能目标设定应充分考虑结构体系以及结构构件的受力特点与重要性程度,有针对性地选择高承载力设计或高延性设计,例如对于抗弯框架结构和倒摆结构,地震作用下前者在框架梁和框架柱屈服时,结构仍然具有良好的承重能力,而后者竖向构件屈服以后,结构的P-Δ效应明显,结构承重能力降低较多,因此不允许有较大塑形发展,需采用高承载力设计。

(3)《钢标》侧重于采用弹性或等效线性方法进行分析,而罕遇地震下结构往往已经出现较为严重的塑性变形发展,等效线性模型无法全面真实地反映因塑性发展产生的内力重分布现象;同时,《钢标》主要通过性能系数考虑结构延性对地震作用的影响,本质上更接近欧美的传统规范设计法。

2.1.4 广东省《钢结构设计规程》DBJ 15-102—2014 性能化设计

2.1.4.1 性能目标

《广东省钢规》对结构性能水准等级的划分与结构性能目标的规定和《高钢规》基本一致,此外,在结构性能水准等级的描述中额外增加了对应的层间位移角参考指标,如表2-12所示。

各性能水准结构预期的震后状况　　　　　　　　　　　　　表2-12

结构抗震性能水准	宏观损坏程度	层间位移角参考指标	构件损坏程度			继续使用的可能性
			普通竖向构件	关键构件	耗能构件	
1级	完好	$1.25\Delta_e$	少数部位微小的屈曲或者永久变形	无屈曲或永久变形	微小的屈曲或永久变形	一般不需要修理即可继续使用
2级	基本完好	$1.5\Delta_e$	微小的屈曲或永久变形	没有可观察到的破坏或变形	明显的屈曲或永久变形	稍加修理即可继续使用
3级	轻度损坏	$2\Delta_e$	轻微损坏	轻微损坏	轻度损坏、部分中度损坏	一般修理即可继续使用
4级	中度损坏	$4\Delta_e$,$0.9\Delta_p$	部分中度损坏	轻度损坏	中度损坏、部分比较严重损坏	修复或加固后才可继续使用
5级	比较严重损坏	Δ_p	部分构件比较严重损坏	中度损坏	比较严重损坏	需排险大修

注:1. Δ_e为弹性层间位移角的限值;Δ_p为弹塑性层间位移角的限值。
　　2. 第1级性能水准的层间位移角限值仅用于主体结构的宏观衡量指标,当性能设计对隔墙等非结构构件有要求时,尚应满足相应要求。

2.1.4.2　分析方法

《广东省钢规》在进行抗震性能化设计时更重视动力弹塑性分析的作用，规定对结构进行多遇地震、偶遇地震、罕遇地震三种地震水准作用下的计算时，均应采用三维模型的动力弹塑性分析。

2.1.4.3　性能评价

《广东省钢规》的性能评价方法中，除对结构层间位移角的限制要求外，对构件层次的性能评价准则进行了细化。采用与 TBI-2017 类似的方法，根据构件力-变形曲线将作用效应划分为"承载力控制"与"变形控制"，其中对"承载力控制"效应进行承载力验算，对"变形控制"效应进行变形验算。

当采用标准化的力-变形曲线表达构件的"变形控制"效应时（图 2-4），对应于不同性能水准的构件塑性变形限值列于表 2-13。

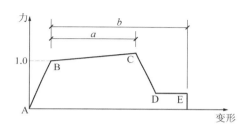

图 2-4　标准化的力-变形曲线

各性能水准塑性变形限值　　　　　　　　　　　　　表 2-13

性能水准等级	1 级	2 级	3 级	4 级	5 级
普通竖向构件	$0.25a$	$0.25a$	$0.5a$	$0.75a$	a
耗能构件	$0.25a$	$0.5a$	$0.75a$	a	b

注：1. a、b 为与构件截面等级相关的变形参数。
　　2. 耗能构件的力-变形曲线无残余承载力时，其在第 4、5 级性能水准的最大塑性变形不应大于 C 点对应的塑性变形。

2.1.4.4　分析与探讨

《广东省钢规》明确区分了结构层次与构件层次的性能评价方法，并在构件层次的性能评价中明确区分了"力控制"效应和"变形控制"效应，可反映不同构件的延性差异，突出了构件评价的重要性，但是在具体应用时仍存在一些问题：

（1）性能目标设定同样采用"菜单式"，且不同地震水准下的性能评价均需基于弹塑性分析，一定程度上限制和影响了应用的灵活性和效率。

（2）对于弹塑性分析中需要输入的标准化的构件力-变形曲线，《广东省钢规》参考美国标准，给出了原则性的建议，但并未提供其中参数的取值建议或获取方式，构件评价指标主要参考美标，由于国内外钢材属性与截面等级划分等差异，直接应用不尽合理。

2.1.5 我国现行钢结构性能化设计方法的局限性

上述规范与标准明确了抗震性能化设计方法和性能评价内容，将抗震设计"多级设防"的定性宏观目标细化到具体指标，为我国钢结构抗震性能设计提供了重要的参考依据。然而，对比分析可见，目前我国各规范抗震性能化的实现方法尚不一致，且均存在一些不足之处，主要表现为以下几个方面：

（1）在设计思路上，已有的规范标准多基于"等能量原则"，但多高层钢结构往往具有较长的自振周期，结构采用高承载力设计时，结构的变形需求并一定会降低，仍基于"等能量原则"设计可能得到不尽合理的结果，即该设计思路具有一定适用范围的限制。

（2）对于性能目标的设定，各规范建议的性能目标均采用"菜单式"选择方法，即通过性能目标等级限定了结构与构件在不同地震水准下允许达到的性能状态，不符合性能化设计本质中制定"个性化"性能目标的要求，较缺乏灵活性。实际应用中也会造成设计师不得不突破"菜单式"性能类别，另行设定如 B−、C+等性能目标。

（3）在分析方法上，《抗规》和《高钢规》要求基于结构进入塑性的程度或损坏状态选择合适的分析方法，《钢标》侧重于采用等效线性分析方法，而《广东省钢规》则要求在多遇地震、设防地震和罕遇地震水准下均采用动力弹塑性分析方法，各规范采用的分析方法不尽统一。

（4）在性能评价时，《抗规》《钢标》和《高钢规》规定对于构件均采用承载力验算，而竖向构件的变形通过层间位移角控制，未考虑不同构件变形能力的差异以及轴压力对竖向构件延性的影响，缺少系统的可全面反映构件延性能力的评价标准；《广东省钢规》根据构件力-变形曲线将作用效应区分为"力控制"与"变形控制"，并分别进行承载力和变形验算，但未给出定量的变形验算标准，难以指导实际应用。

（5）在设计效果上，TBI-2017 中仅需要进行 SLE 水准和 MCE_R 水准下性能状态评价，除特殊情况外（如行政审查特别要求）不必再通过 ASCE 7-16 中的传统规范设计法来计算满足设计地震（DE）水准下的验算指标，而我国规范标准的抗震性能化设计方法在满足性能目标要求的基础上，仍然需满足传统规范设计法中的基本抗震措施，实质上属于为达到更高性能要求的补充设计方法，无法实现性能化设计中综合权衡经济性需求和性能表现的初衷。

总而言之，目前我国规范针对多高层钢结构抗震性能化设计的规定尚不完善，缺少系统、全面的设计标准。

2.2 多高层钢结构抗震性能化设计改进方法研究

针对我国目前多高层钢结构抗震性能化设计方法和标准的不足，本书基于性能化设计本质和现有分析技术发展现状，提出多项改进措施，以形成更全面完整的适用于多高层钢结构抗震性能化设计的改进方法。

2.2.1　性能化设计特点与改进流程

抗震性能化设计本质是将传统规范设计法中定性描述的抗震设计目标转变为量化分析的多重性能目标，并依据科学可靠的数值仿真等分析方法完成对结构抗震性能的准确评价，进而采取针对性设计措施的抗震设计方法。其核心是性能目标设定与评价，技术基础是日益成熟的数值仿真分析技术，其可靠性取决于对结构性能评价的准确性。

基于抗震性能化设计特点，围绕性能目标设定与评价两大关键环节，本书梳理抗震性能化改进方法设计流程如图 2-5 所示，主要包括确定设防水准、概念设计、性能目标设定、结构分析和性能评价等内容。

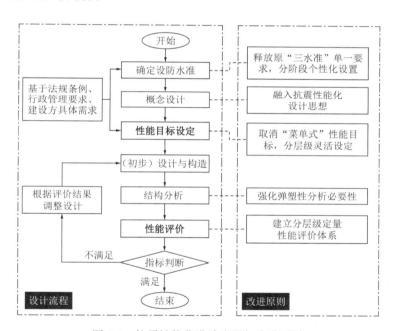

图 2-5　抗震性能化设计流程与改进原则

与我国现行规范中的抗震性能化设计方法相比，本书方法从以下方面进行改进：

（1）在设防水准确定方面，按正常使用阶段和极限性能阶段进行个性化设置，释放原"三水准"单一要求，适应和满足更高的抗震性能需求。

（2）在概念设计方面，概念设计阶段即融入抗震性能化设计思想，结合结构控制工况确定设计理念，细化受力体系和屈服机制的设计思想，以及对抗震性能的预期和关键控制指标的考量；适当放宽对结构规则性的限制要求。

（3）在性能目标设定方面，取消"菜单式"设定方式，对结构和构件直接以预期性能水准等级（损坏程度）灵活设置性能目标。

（4）在结构分析方面，对于进入塑性状态的结构，明确采用弹塑性分析方法来准确评价结构性能，以作为判断结构可行性的主要依据；当应用新材料、新技术和新体系时，还应补充必要的试验研究。

（5）在性能评价方面，建立分层级定量性能评价体系，对结构层次，明确对应不同性能水准等级的限值要求；对构件层次，区分"力控制"和"变形控制"效应，并对后者建立与我国钢材属性、钢构件截面分类相适应的分层级定量评价体系。

2.2.2 设防水准确定

抗震设防水准的选择与结构抗震能力设计目标直接相关，选择合适的抗震设防水准是抗震性能化设计的基本前提，通常需基于相关法规、当地经济条件、项目需求等，与建设方、主管方沟通确认。我国传统规范设计法的"三水准设防"，即"小震不坏、中震可修、大震不倒"，通常是抗震设计的最低要求。但随着经济发展，很多建筑提出更高的要求，如《建设工程抗震管理条例》[97]中对"两区八类建筑"（位于高烈度设防地区、地震重点监视防御区的新建学校、幼儿园、医院、养老机构、儿童福利机构、应急指挥中心、应急避难场所、广播电视等建筑），要求应按照国家有关规定采用隔震减震等技术，保证发生本区域设防地震时能够满足正常使用要求，即实现"中震不坏"。

鉴于性能化设计的初衷是为满足更个性化的抗震性能预期目标，因此本书明确性能化设计可在不低于最低设防水准前提下，释放原《抗规》"三水准"设防的单一要求，即根据建筑全生命周期真实场景分为抗震正常使用阶段和抗震性能极限阶段，在各阶段根据特定性能需求，灵活结合地震水准确定设防水准（表2-14），从而适应不同类别建筑的个性化性能要求，如对于上文的"两区八类建筑"，其设防水准即可设定为在抗震正常使用阶段需满足高性能要求，即"中震不坏"。表中的"其他"是指对于具有特殊功能的结构，可根据具体需求设定针对性的设防水准，如对于临时建筑，可允许其性能目标为"小震可修"或"小震不倒"；而对于特别重要的结构如核电厂，其设防水准应定为"大震不坏"等。与传统规范设计法中"三水准"定性描述不同，本书"设防水准"均对应可量化分析的细化目标，如"中震可修"指可明确修复代价的目标。当选择"中震可修"或"大震可修"设防水准时，可基于韧性评价方法，参考《韧性评价标准》对结构震后修复费用和时间等指标量化评估。当选择"中震不坏"设防水准时，可对使用阶段结构变形和加速度等参考《基于保持建筑正常使用功能的抗震技术导则》[98]提出更高的目标要求。

设防水准设定　　　　　　　　　　　　　　　　　　　表2-14

设计阶段	抗震正常使用阶段				抗震性能极限阶段		
性能要求	低	中	高		低	高	
设防水准	小震不坏	中震可修	中震不坏	其他	大震不倒	大震可修	其他
适用范围	普通使用功能的结构	有量化的修复代价要求	须保证在设防地震下正常使用		普通使用功能的结构	安全性要求较高的结构	

2.2.3 概念设计

概念设计是指根据力学规律、震害教训和工程经验等在特定的建筑空间中形成初步的结构方案，包括选择合理结构体系、设置主要传力路径和确定基本结构布置等。

本书改进方法要求在概念设计阶段全面融入抗震性能化设计思想，包括对结构体系原则要求的细化，以及对抗震性能的预期和关键控制指标的考量。

结构体系原则性的要求包括防连续倒塌要求、多道抗震防线要求等，主要用于初步保证结构在总体上具有合理的规划布置、传力路径和屈服耗能机制。《抗规》中对该部分内容未给出具体的设计方法，主要依赖工程师经验。本书方法要求概念设计中重视包括承重体系、抗侧力体系和屈服机制等关系结构整体性能的设计原则，以明确结构整体与不同构件的设计策略，包括关键控制指标，从而初步确定抗震性能目标的设定理念，保证概念设计的合理性，避免之后冗余、低效的设计调整。概念设计中可参考传统规范设计法中如"强柱弱梁""强剪弱弯""强节点弱构件"等基本原则。

传统规范设计法对结构规则性，包括平面规则性和竖向规则性等有严格限制，主要用于避免结构在地震下出现扭转、薄弱层等不利情况，以及不可控的塑性发展。本书方法认为在抗震性能化设计中，结构的抗震性能可由不同地震水准下基于数值仿真的结构响应与性能评价较真实体现，因此可适当放宽相关规则性指标限值要求。

2.2.3.1 承重体系设计

地震作用下结构的倒塌往往是由于承重体系的破坏，因此保证结构在重力荷载下的承载能力，是结构体系最基本的要求。因结构体系的不同，各种结构中承重体系受力特点存在较大差异，因此在抗震概念设计阶段需明确承重体系的具体设计策略。

例如，结构柱通常为结构承重体系的重要组成部分，若其在地震作用下出现受压破坏，且承担的竖向荷载无法向相邻构件有效转移，则结构存在倒塌风险，因此需对其轴力加以控制。在地震作用下，柱中轴力主要由重力产生的轴力和地震作用产生的轴力组成。其中重力荷载产生的轴力变化幅度较小，而地震作用产生的轴力在不同地震水准下变化幅度较大。由于地震作用下各柱的抗侧刚度贡献不同，地震作用产生的轴力占总轴力的比例也不同。

以图 2-6 所示典型的钢框架-支撑结构体系为例，柱 A 和柱 B 均属于结构承重体系，其中柱 A 处于支撑系统中，而柱 B 为普通框架柱。当结构承受水平荷载时，柱 A 中轴力会发生较大变化；在罕遇地震下，若支撑退出工作，柱 A 瞬时轴压力将迅速加大，相对而言，柱 B 中轴力在不同地震水准作用下变化幅度较小。

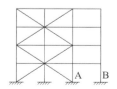

图 2-6 典型钢框架-支撑结构体系

针对以上现象，在概念设计阶段即应根据承重体系的受力特点，明确相应控制性能预期的关键指标。如对于地震作用下轴力变化较大的结构柱 A，应采用更严格的轴压比控制，包括严格控制其在多遇地震作用下的轴压比，以及监测其在罕遇地震作用下的最大瞬时轴压力等，从而避免地震过程中结构柱最大瞬时轴压力达到极限承载力而发生破坏。

2.2.3.2 抗侧力体系设计

抗侧力体系是结构抵御水平地震作用的结构体系，设计中宜采用多道抗震防线，以保证部分结构构件破坏时整个结构体系不丧失承载能力。结构抗侧力体系由多种类型构件组成，考虑到同一结构体系中的不同类型构件，以及同类型构件在不同结构体系中所需发挥的作用均不相同，因此要求在概念设计阶段，对不同类型构件的设计原则需予以明确，包括设计策略、受力特点、功能需求和关键控制指标等。

以带有钢支撑系统的结构体系为例，根据抗侧力体系设计的不同，有如图 2-7 所示两种典型形式。图 2-7（a）中，结构的抗侧力体系由支撑系统和框架系统共同组成；图 2-7（b）中，结构的抗侧力体系由支撑系统承担，重力柱不提供抗侧刚度。

对于普通钢支撑[99]，其在轴压力作用下的典型力学性能表现如图 2-8 所示，即钢支撑轴压力达到峰值以后，其变形会迅速增加，同时承载力也明显下降。此时钢支撑受压进入"负刚度"状态，其承受的轴力将转移到相邻的构件中。

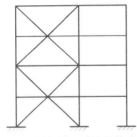

(a) 钢支撑系统 + 框架柱体系 (b) 钢支撑系统 + 重力柱体系

图 2-7　两种典型的钢支撑抗侧力体系

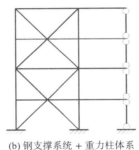

图 2-8　钢支撑轴压力作用下的
力学特点示意

在罕遇地震作用下，若钢支撑出现大量的受压屈曲和受拉屈服，对于图 2-7（a）所示的结构体系将退化为框架结构体系，此时结构系统仍然具有良好的抗震性能。但是对于图 2-7（b）所示的结构体系则退化为"少量框架 + 重力柱"结构体系，此时由于重力柱无法提供抗侧刚度，地震作用需要由少量框架全部承担，结构侧向变形显著增加，存在主要受力构件发生严重损坏、甚至结构倒塌的风险。

因此，对于上述两种结构体系，钢支撑的概念设计应有所区分。对于图 2-7（a）体系，钢支撑可设计为"弱支撑"，地震作用下允许大量钢支撑受压屈曲及受拉屈服，以实现耗散地震输入能量、降低结构整体地震作用；而对于图 2-7（b）体系，钢支撑需设计为"强支撑"，减少进入受拉屈曲和受拉屈服状态的支撑数量，以控制结构在罕遇地震作用下的塑性变形程度。即相较于图 2-7（a）体系，采用图 2-7（b）体系时需对钢支撑的应力比或截面利用率进行更严格的控制。

2.2.3.3 屈服机制设计

为结构设定合理的屈服机制是保证结构不发生丧失整体性的破坏并形成多道抗震防线的基本策略。在本书改进方法中，强调在概念设计阶段，在确定结构承重体系与抗侧力体系的基础上，明确预设的结构屈服机制，包括地震作用下结构构件进入塑性耗能状态的顺序，以及如"强柱弱梁""强剪弱弯"和"强节点弱构件"等局部设计原则，以保证结构承重体系以及主要结构构件的损坏程度可控。

以钢框筒结构（外钢框架＋钢板墙内筒）为例，可预设内筒为第一道抗震防线，外框架为第二道抗震防线。对于第一道抗震防线内筒中的钢连梁可采用小震不屈服设计，即采用标准值进行小震下的强度验算，这样可使钢连梁在设防地震或罕遇地震下尽早进入屈服耗能状态。

在确定结构屈服顺序后，则应根据结构构件承载力与延性要求，确定各类构件的具体设计原则，以保证预设屈服机制的可靠实现。

以钢框架结构为例，地震作用下其结构底层可能出现的塑性分布如图 2-9 所示：（1）塑性铰仅出现在柱端，首层梁保持弹性（图 2-9a）；（2）塑性铰仅出现在梁端，首层柱保持弹性（图 2-9b）；（3）梁柱均出现塑性铰（图 2-9c）。

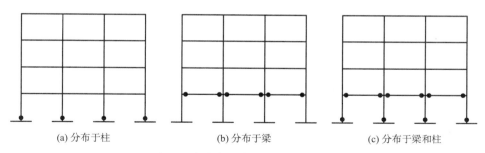

(a) 分布于柱   (b) 分布于梁   (c) 分布于梁和柱

图 2-9 钢框架结构塑性发展分布图

梁柱构件为典型的受弯与压弯构件，对于具有不同截面等级的构件，其承载力-变形曲线如图 2-10 所示。对于受弯构件，当截面较为厚实（截面等级 S1 或 S2）时，具有较高的延性；而对于压弯构件，必须同时满足截面厚实与低轴压比条件，才可达到对应塑性铰区域的高延性需求。

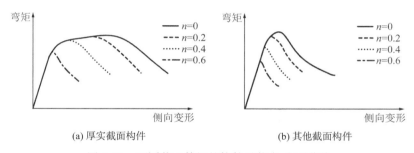

(a) 厚实截面构件   (b) 其他截面构件

图 2-10 不同截面等级的构件承载力-变形曲线

基于受弯、压弯不同构件的受力特点，可确定上述构件的设计原则：对于地震作用下预期出现塑性铰的梁、柱构件，设计中应保证其具有较高的延性，选用较为厚实的截面，且框架柱还需将轴压比控制在较低水平。对于在地震下不会出现塑性铰的梁、柱构件，则可采用承载力较高的普通截面（如 S3 截面等级），以实现合理的经济性。

2.2.4　性能目标设定

性能目标规定了在不同地震水准下，建筑物所期望达到的损坏程度与功能运行状态，应根据建筑物重要性、功能、震后修复代价以及业主的需求等综合确定。性能目标的针对性、个性化是抗震性能化设计的重要特点之一。

为便于实际应用与性能评价，通常会根据考察对象（包括结构和构件等）的损坏程度，分别定义不同的性能水准等级。如我国《抗规》中的"不坏""可修""不倒"即为一种结构层次定性的性能水准，在抗震性能化设计中，要求对损坏程度进行更为细致的描述以实现更为准确的设计效果。

基于上文设防水准的确定，以及在概念设计阶段，对结构承重体系、抗侧力体系以及屈服机制的初步规划，对结构抗震性能性能目标已有基本定性要求。下一步应根据结构设计特点，对不同地震水准下结构期望达到的性能水准进行进一步明确，形成完整的结构抗震性能目标。

性能目标的高低需要通过一系列性能评价指标予以反映，其中最为常用的包括承载力和变形，当有必要时，可附加能量、速度和加速度等指标。为全面反映结构的抗震性能，对于钢结构而言，设定的性能目标通常主要包括结构和构件层次。目前我国关于抗震性能目标及评价指标的规定分散在多本规范标准之中，缺乏系统性和完整性，且相关规定并不完善，尤其是构件层次的性能目标侧重于通过承载力体现，缺少对构件变形的有效控制。本书在现有规定基础上，对不同层次性能目标的设定原则与方法进行细化和补充，以期较全面地反映地震作用下结构的性能状态。

2.2.4.1　性能水准等级

性能水准规定了建筑物在特定地震水准作用下的损坏程度，对应不同的损坏程度可划分不同的性能水准等级。在目前工程应用以及中外现行标准中，主要对结构层次与构件层次进行设定。

（1）结构层次

目前国内外规范，如美国 FEMA 356、ASCE 41-17，我国《性态设计通则》《抗规》《高钢规》对结构层次性能水准的划分数量与对应的性能描述均存在一定差异。本书结合《性态设计通则》与《抗规》的划分方法，将结构层次的性能水准等级划分为 6 个等级，对应的结构宏观损坏程度和具体性能描述列于表 2-15。

结构层次性能水准等级划分　　　　　　　　　　　　表 2-15

性能水准等级	损坏程度	性能描述
1	完好	结构与非结构构件无损坏或出现轻微损坏，无需修复即可继续使用
2	轻微损坏	建筑功能可继续保持，一些次要构件可能出现轻微损坏，无需修复或经一般修复即可继续使用
3	轻度损坏	建筑的基本功能不受影响，结构可能出现一定程度损坏，但关键结构构件保持完好，经一般修复即可继续使用
4	中度损坏	建筑的基本功能受到影响，少量关键结构构件发生破坏，但结构依然保持稳定，可保证生命安全
5	比较严重损坏	建筑的基本功能不复存在，主体结构有严重破坏，但不致倒塌
6	严重损坏	结构严重破坏无法修复，有倒塌风险

（2）构件层次

对构件损坏状态的准确评价是保证结构层次性能目标可靠实现的重要前提，应根据构件的重要性、所处位置以及构件功能等对构件的损坏程度进行细化，以确定构件的承载力及变形要求。目前我国规范的构件层次性能评价标准中主要采用承载力验算并采取延性构造措施，该方法难以全面准确地评价构件的塑性发展及损坏程度。

本书参考 FEMA 356 规定，将作用于构件的效应划分为"力控制"效应与"变形控制"效应两类。但 FEMA 356 采用标准化的构件力-位移曲线用于判断效应类型，并未提供力-变形曲线的标准化方法，同时由于中美钢材属性和截面等级划分差异，其相关参数取值建议也难以直接应用于我国钢构件。

因此，本书提出如图 2-11 所示的基于构件的真实力-变形曲线，对作用于构件的效应类型进行区分。当钢构件力-位移曲线满足 $\Delta_u \geq 2\Delta_y$ 时，划分为"变形控制"效应，反之划分为"力控制"效应，其中，Δ_y 为屈服变形，Δ_u 为极限变形，极限状态参考文献[77,100]，定义为构件承载力下降至峰值 85% 的状态。对于钢柱构件，当重力荷载下柱轴压比高于 0.6 时，参考文献[32]，统一将其侧向弯曲划分为"力控制"效应。

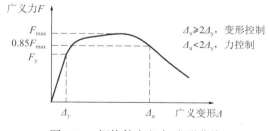

图 2-11　钢构件广义力-变形曲线

构件在"力控制"效应下的破坏模式表现为脆性破坏，通常以承载力作为性能评价指标，典型的"力控制"效应，包括薄壁钢构件和高轴压比钢框架柱的受弯，以及钢板剪力墙和重力柱的受压等。

构件在"变形控制"效应下的破坏模式表现为延性破坏，具有可靠的非线性变形能力，一般以塑性变形作为性能评价指标，典型的"变形控制"效应，包括钢框架梁和低轴压比钢框架柱的受弯，以及消能梁段的受剪等。

构件在"力控制"效应下仅存在完好和脆性破坏两种状态，因此不对其性能水准进行细分，仅判断构件承载力是否满足要求。构件在"变形控制"效应下，根据其塑性变形的发展程度不同，可划分为不同的性能水准等级，为与结构层次的性能水准等级相对应，本书对于"变形控制"效应下的构件，将其性能水准同样划分为6级，对应的损坏程度及具体损坏状态描述见表2-16。

<table>
<tr><td colspan="3" align="center">构件基于变形的性能水准等级划分</td><td>表 2-16</td></tr>
</table>

性能水准等级	损坏程度	构件损坏状态描述
1	完好	处于弹性状态
2	轻微损坏	局部位置出现轻微塑性变形
3	轻度损坏	承载力不低于屈服承载力，出现较多塑性变形或少量局部屈曲
4	中度损坏	承载力达到峰值，塑性变形充分发展，可能出现明显的局部屈曲
5	比较严重损坏	承载力有略微下降，但依然保持在峰值承载力的85%以上，有严重的局部屈曲或扭转变形
6	严重损坏	承载力快速下降，已低于峰值承载力的85%，局部屈曲、扭转变形过大，部分位置可能出现局部断裂

对于特殊构件的作用效应类型判断，除了依据力-变形曲线形状外，还需要综合考虑构件的实际功能。如结构中的重力柱，在受力状态上通常与钢支撑类似，即仅承受轴力作用，但与允许地震下屈曲或屈服耗能的钢支撑不同的是，重力柱主要承担上部结构的重力荷载，若其在地震作用下发生受压失稳，则其承担的重力荷载难以转移，容易引发结构的连续倒塌，以至发生"脆性"破坏。因此，对于作用于重力柱上的轴向荷载应始终判别为"力控制"效应，在不同地震水准下均需进行承载力验算。需要额外注意的是，为了真实模拟重力柱的受压失稳现象，获取准确的轴力响应，其力学模型中应考虑杆件初始缺陷，一般可采用《钢标》中建议的直接分析法。

2.2.4.2 性能目标设定方法

性能目标的设定是抗震性能化设计的关键环节，既是对基于相关规定及与建设方协商确定"设防水准"的细化，又需明确后续详细设计的内容与要求。抗震性能目标的确定需要考虑多项因素，包括建筑的重要性与功能、震后人员伤亡与经济损失、修复难度、建筑的人文与社会价值等。我国《建筑工程抗震设防分类标准》GB 50223—2008[101]将建筑结构抗震类别分为以下四类：特殊设防类、重点设防类、标准设防类、适度设防类，应用中可认为是对不同重要性的建筑结构设定了不同的定性性能目标。《抗规》和《高钢规》的性能化设计章节对结构性能目标内容进行了细化，提供了"菜单式"的性能目标选择建议。

采用"菜单式"的性能目标在实际应用中缺乏灵活性，不易满足"个性化"性能目标的要求，也未能对构件损坏程度进行等级限定，因此有必要在现有的常用性能目标设定形式上进行改进。

本书提出可在满足设防水准基本要求的基础上，根据实际需求灵活设定性能目标。对于表 2-14 中最低设防水准组合（即抗震正常使用阶段满足小震不坏，抗震性能极限阶段满足大震不倒），性能目标一般要求如下：

（1）在多遇地震作用下，结构不应出现明显损伤，关键结构构件保持基本完好；

（2）在罕遇地震作用下，结构的倒塌风险可控，不丧失重力荷载承载力。

设防水准有其他要求的结构，可设定高于以上一般要求的抗震性能目标，也可以补充设防地震水准下的结构性能目标。如当性能目标中对设防地震水准或罕遇地震水准下结构的震后修复代价有要求时，可参考《韧性评价标准》或 FEMA P58-1[102]建议的抗震韧性评价方法，以建筑震后修复费用、修复时间、人员伤亡等为指标，对建筑结构在地震作用下的抵御能力和恢复能力进行分析计算与定量评价。

根据结构和构件的功能与特点明确其在不同地震水准下期望达到的性能水准等级，继而选择合适的评价指标并设定相应限值。该性能目标设定方法可突破目前规范采用"菜单式"性能目标的局限性，满足丰富多样的性能化设计需求。结合上文划分的 6 个结构层次性能水准等级以及"变形控制"效应下的 6 个构件性能水准等级，建立如表 2-17 所示的适用于一般多高层钢结构的性能目标设定形式，包括在不同地震水准下结构和构件的性能水准要求。在现行规范体系的抗震性能化设计方法中，涉及的中震弹性、中震不屈服、大震不屈服等性能目标，在本书方法中均通过承载力指标予以体现，计算时材料强度分别取设计值或标准值予以区分。

结构抗震性能目标设定内容　　　　　　　　　　　　表 2-17

内容		多遇地震	设防地震（可选项）	罕遇地震
结构层次		明确性能水准等级，选择层间位移角等指标并设定限值[1]		
构件层次	力控制效应	参照现行规范设计	明确验算指标并设定限值	
	变形控制效应		明确性能水准等级，选择合适的评价指标并设定相应限值[2]	

注：1. 性能化设计中，不同地震水准下的结构性能可基于科学可靠的数值仿真分析方法较真实体现，因此可放宽包括扭转周期比、扭转位移比、侧向刚度比、受剪承载力比等平面不规则指标和竖向不规则指标限值，放松幅度可控制在 20% 或 30% 以内，具体可根据罕遇地震下的分析结果综合确定[52]。

2. 基于后文建立的构件性能评价准则或相关研究资料完成。

2.2.5　性能分析

本书改进方法要求采用合理可靠的分析方法，尽可能准确地评价不同地震水准下结构和构件等的性能表现，并以此作为判断结构可行性的主要依据。因此不同阶段准确的分析与评价至关重要。

2.2.5.1 分析方法

为获得结构在地震作用下的力学响应，需要选择合适的抗震分析方法。当结构基本处于弹性状态时，如在多遇地震水准下的多数结构，可采用线性分析方法，如反应谱法或线性时程分析法；当结构中存在少量非线性构件时可采用快速非线性分析（FNA）方法[26]。当结构进入塑性状态后，如处于罕遇地震水准，由于材料的屈服强化、结构内力重分布、二阶效应等影响，真实的结构响应非常复杂，由于弹性/等效弹性等分析方法无法对结构的非线性行为和破坏机制进行准确模拟和判断，因此要求采用弹塑性方法，包括静力弹塑性和动力弹塑性分析。

静力弹塑性推覆分析（Pushover）是一种基础而典型的静力弹塑性分析方法，其主要分析过程是通过一定的水平加载方式，对结构施加单调递增荷载，直至结构达到给定目标位移或出现不稳定的状态，然后根据结构的弹塑性发展程度，判断结构与构件的承载力与变形能否满足设计要求。Pushover 方法的思想提出很早，但前期主要用于理论研究。1975 年，美国学者 Freeman 在 Pushover 法中引入了地震需求谱和能力谱曲线概念，提出了能力谱法，并在 1998 年进行了改进[103]。能力谱法是 Pushover 方法的一次重要发展，极大地推动了其在结构抗震分析中的应用。其基本思路为：首先通过 Pushover 分析并进行转换得到结构的能力谱曲线，然后从地震加速度反应谱转换得到结构的需求谱曲线。若能力谱与需求谱曲线没有交点，则结构无法抵抗给定的地震作用；若两曲线有交点，则交点位移即为目标位移，根据目标位移点即可判断结构的性能状态。能力谱法具有概念清晰、应用方便等优点，1982 年被美国应用技术委员会（ATC）采纳用于评价结构抗震性能[104]，在美国 FEMA 356、日本《建筑基准法》中也均有应用。我国《抗规》也规定可根据预期的结构弹塑性状态选用静力弹塑性分析方法。

Pushover 分析作为一种简化的弹塑性分析方法，可从整体上把握结构的抗侧性能，对结构关键构件与单元进行性能评价，找到结构薄弱环节，计算效率较高。但其假定所有多自由度体系均可简化为等效单自由度体系，缺乏严密的理论基础；其分析精度非常依赖水平加载方式和目标位移的合理性，且不能考虑结构在反复变形过程中的累积损伤和刚度变化，难以完全真实反映结构在地震作用下的状态，具有一定的局限性和适用性。《高钢规》中规定对于 100m 以下的结构可采用静力弹塑性分析。

动力弹塑性分析法将结构作为振动体系进行分析，根据输入的地震波数据，采用逐步积分法求出结构在整个地震过程中的弹塑性响应。该方法可考虑各种材料本构关系，计算模型简化较少，从计算结果中可以获得在地震过程中任意时刻的结构响应，包括应力、变形、加速度等，是目前最为精确、可靠的结构弹塑性分析方法[26]。弹塑性分析可直观高效地得到结构在地震作用下的各项性能表现，包括结构的变形和构件的塑性发展过程，评价验证设定的各类性能目标和结构的破坏机制，同时避免物理模型"缩尺"影响，是对结构的抗震性能进行验证与研究的有效工具。随着计算机软硬件技术水平的不断提高，目前越来越多地被工程设计人员采用，已逐渐成为结构抗震性能化设计中的主流分析方法。

动力弹塑性分析同时考虑材料与几何非线性力学行为，数值模型中单元和材料的本构关系，即力与变形关系的恢复力模型建立在往复静载试验、拟动力试验或振动台试验结果基础上，具有坚实的理论及试验验证基础。《高钢规》中要求对于 150m 以上的结构必须采用动力弹塑性分析，TBI-2017 也将动力弹塑性分析作为结构抗震性能化设计中的主要分析方法。

弹塑性分析时，其力学模型应综合考虑模型精细度、分析效率等需求，条件允许时本书建议尽量采用动力弹塑性分析，同时应能够满足结构整体和构件层次性能目标设定内容的需求。如对于偏心支撑钢结构，力学模型必须能模拟消能梁段的剪切非线性力学行为；对于中心支撑钢结构，力学模型必须能模拟大长细比钢支撑的受压失稳力学行为。

2.2.5.2　地震作用输入

本书改进方法在地震水准和地震波选取方面延续现行规范体系的规定，即地震动参数主要满足如下条件：

（1）多遇地震、设防地震和罕遇地震的地震超越概率分别为 50 年 65%、50 年 10% 和 50 年 2%，对应的地震重现期分别为 50 年、475 年和 2400 年；

（2）地震动的频谱特性、有效峰值和持续时间需满足《抗规》相关规定；

（3）采用时程分析方法进行结构计算时，若取 3 组地震波曲线输入，计算结果宜取时程法的包络值；当取 7 组及 7 组以上的地震波曲线时，计算结果可取时程法的平均值。

2.2.6　性能评价

性能评价是基于计算分析结果对设定性能目标的详细验证，也是检验抗震性能化设计成果的关键环节。在设定性能目标时，通过设定结构整体与构件在不同地震水准下的性能水准等级，可方便业主、管理人员等对结构整体与构件的损坏状态进行宏观判断。而设计人员在进行性能化设计时，需要在分析计算后基于具体指标，如结构位移、延性系数、损伤因子和能量等，以及相应的定量性能评价准则，来准确评价结构性能水准。性能评价在应用中主要可划分为结构层次和构件层次。

2.2.6.1　结构层次

反映结构层次性能水准可采用的指标主要包括基于结构变形的指标、基于结构模态参数的指标、基于结构刚度的指标以及基于结构变形和能量的指标等[105]。目前在工程实践中，国内外大多采用结构变形，尤其是层间位移角指标进行结构层次的抗震性能评价。尽管层间位移角指标具有一定的缺陷，如无法考虑柱轴压比对位移角限值的影响，以及位移角往往包含了刚体转动的影响等，但是其仍然具有较多优势：

（1）层间位移角参数易于获得，计算简便；

（2）层间位移角是结构和构件变形的综合结果，具有代表性；

（3）大量的震害经验与试验研究表明，采用层间位移角衡量结构变形能力是合理的，也可有效控制震害造成的经济损失；

（4）层间位移角在各国规范中普遍采用，易于被设计人员接受。

因此，本书同样采用层间位移角作为评价结构层次损坏程度的主要指标，不同钢结构体系的层间位移角指标可参考相关规范和文献，根据其实际变形能力并结合性能目标确定。如对于钢框架结构，参考《抗规》多高层钢结构弹性层间位移角限值取 1/250、弹塑性层间位移角上限即对应比较严重破坏取 1/50 的规定，如表 2-18 所示确定各性能水准等级对应的细分层间位移角限值。应用时对应性能目标中不同地震水准下预期达到的性能水准等级，采用相应的层间位移角限值，这与目前规范及工程应用中抗震性能化设计对于罕遇地震下层间位移角限值均取上限值不同。如结构采用高延性设计，大震下结构性能水准等级为"比较严重损坏"，则层间位移角限值可取 1/50；如结构采用低延性设计，大震下结构性能水准等级可以为"轻度损坏"或"中度损坏"等，则层间位移角限值可分别取 1/150 或 1/100。

钢框架结构对应不同性能水准的层间位移角限值 表 2-18

结构性能水准等级	1 级无损坏	2 级轻微损坏	3 级轻度损坏	4 级中度损坏	5 级比较严重损坏	6 级严重损坏
层间位移角限值	1/250	1/200	1/150	1/100	1/50	> 1/50

文献[106]指出，瞬时层间位移角与残余层间位移角均是表征结构损坏程度、评判结构倒塌风险的重要指标，美国 ASCE 41-06[30]与 TBI-2017[34]分别对这两者的允许值进行了限制（表 2-19）。然而，在动力弹塑性分析中增加结构残余位移的计算，需要显著增加时程曲线的持续时间，将额外消耗大量的求解时间。因此，本书对于一般建筑采用瞬时层间位移角作为单一结构层次性能评价指标以提高计算效率，并通过偏于严格的限值要求从一定程度上保证评价结果的可靠性；对于有特殊要求的建筑，补充残余层间位移角指标的验算，一般情况下残余层间位移角限值参考 TBI-2017 相关条文，取为 1.0%～1.5%。

美国 ASCE 41-06 与 TBI—2017 层间位移角指标 表 2-19

规范		瞬时层间位移角			残余层间位移角		
		IO	LS	CP	IO	LS	CP
ASCE 41-06	钢框架	0.7%	2.5%	5%	可忽略	1%	5%
	钢支撑框架	0.5%	1.5%	2%	可忽略	0.5%	2%
TBI-2017		SLE	MCE$_R$		SLE	MCE$_R$	
		0.5%	4.5%		—	1.5%	

注：IO（立即使用）、LS（生命安全）和 CP（防止倒塌）为 ASCE 41-06 划分的结构性能水准等级。

2.2.6.2　构件层次

（1）"力控制"效应

对于构件的"力控制"效应，通常通过承载力验算进行控制。现行《抗规》与《高钢规》在进行多遇地震下的构件承载力验算时，如表 2-20 所示，引入相关调整系数及限制要求，以防止结构与构件在设防地震与罕遇地震下发生"脆性破坏"等不利破坏模式。

现行规范中对构件抗震验算的要求

表 2-20

项目	《抗规》	《高钢规》
"强柱弱梁"调整	考虑强柱系数	考虑强柱系数
轴压比	—	框筒结构柱根据抗震等级控制轴压比
偏心支撑结构内力调整	除消能梁端外构件考虑增大系数	—
中心支撑强度调整	考虑受循环荷载时的强度降低系数	考虑受循环荷载时的强度降低系数
托柱梁内力调整	—	内力增大系数不小于 1.5
转换柱内力调整	内力增大系数不小于 1.5	考虑内力增大系数 1.5

表 2-20 中要求主要用于保证构件实现合理的屈服顺序，本书方法在构件承载力验算时保留其中主要规定，但当需要根据构件在不同地震作用下的实际受力状态进行承载力验算时，可不考虑部分调整系数。如钢支撑强度验算时通常要求考虑"受循环荷载时的强度降低系数"，而在抗震性能化设计中，对于钢支撑构件，若多遇地震作用下其性能目标为保持弹性，则可直接对其"力控制"效应进行承载力验算，且验算公式中无需考虑该系数；若在设防地震或罕遇地震作用下其性能目标为进入屈服耗能状态，一般仅需要对其进行变形验算，而不再验算其承载力。因此在抗震性能化设计时，若分析中可准确模拟钢支撑在循环荷载下的强度与刚度降低现象，可取消该系数，此有利于减小钢支撑设计截面，使其在地震作用下较早进入屈服状态，以增加整体结构耗能、降低结构地震作用。文献[107]结合钢框架-支撑结构算例的抗侧力与破坏形态分析，指出"弱支撑强框架"通常对结构抗震性能更为有利，而保留强度降低系数易出现框架柱先于钢支撑屈曲（即"强支撑弱框架"）的不利情况，同样建议取消该系数。

（2）"变形控制"效应

如前所述，我国抗震设计规范针对"变形控制"效应尚未提供量化的性能评价准则。本书方法要求根据构件功能、部位与重要性分别设定不同的性能目标，通过计算分析确定构件实际的塑性变形需求，并采用相应的性能评价准则定量评价结构构件的性能水准等级。

鉴于目前关于钢结构构件变形的性能评价准则的不足，本书第 3、4 章对受弯与压弯钢构件的变形能力展开试验研究与有限元参数分析，并于第 5 章研究建立常用受弯与压弯钢构件基于应变的性能评价准则，以补充完善我国钢结构构件的性能评价体系。

2.2.6.3　分层级性能目标设定与评价

综上所述，与我国现行抗震性能化设计方法相比，本书方法在性能目标设定与性能评价方面，主要有以下两点改进：

（1）细化了结构与构件层次的性能目标，并建立了量化的性能评价体系。其中设定构件层次性能目标时，要求根据作用效应特点划分为"力控制"和"变形控制"。对于"力控制"效应，基于承载力分析；对于"变形控制"效应，基于构件变形分析。

以《高钢规》规定的 C 级结构抗震性能目标为例，不同地震水准下预期的损坏程度及相应的设计要求如表 2-21 所示。其中结构层次的性能水准通过限制层间位移角控制，构件在不超过轻度损坏时通过承载力验算控制，达到中度损坏之后则根据其是否屈服定性判断。

《高钢规》C 级结构抗震性能目标 表 2-21

类别		多遇地震		设防地震		罕遇地震	
		性能水准	设计要求	性能水准	设计要求	性能水准	设计要求
结构层次		无损坏	$\Delta_s \leqslant 1/250$	轻度损坏	—	中度损坏	$\Delta_s \leqslant 1/50$
构件层次	关键构件	无损坏	弹性设计	轻微损坏	不屈服设计	轻度损坏	不屈服设计
	普通竖向构件	无损坏	弹性设计	轻微损坏	不屈服设计	部分中度损坏	部分屈服
	耗能构件	无损坏	弹性设计	轻度损坏、部分中度损坏	部分屈服	中度损坏、部分比较严重损坏	大部分屈服

注：Δ_s 为结构层间位移角。

当采用本书方法实现上述相同的性能目标时，可如表 2-22 所示，结构层次的性能目标依然采用层间位移角进行控制，对于《高钢规》中要求采用弹性设计或不屈服设计的构件，验算其"力控制"效应；而对于发生屈服的构件，主要对其"变形控制"效应进行定量验算。

本书方法对《高钢规》C 级结构抗震性能目标的实现 表 2-22

类别		多遇地震	设防地震	罕遇地震
结构层次		$\Delta_s \leqslant 1/250$	$\Delta_s \leqslant 1/100$	$\Delta_s \leqslant 1/50$
关键构件	力控制效应	应力比 $\leqslant 0.80$	应力比 $\leqslant 0.90$	应力比 $\leqslant 1.0$
	变形控制效应	—	—	—
普通竖向构件	力控制效应	应力比 $\leqslant 0.85$	应力比 $\leqslant 0.95$	允许屈服
	变形控制效应	—	—	轻度损坏，变形 $\leqslant$ 限值
耗能构件	力控制效应	应力比 $\leqslant 0.95$	允许屈服	允许屈服
	变形控制效应	—	轻度损坏，变形 $\leqslant$ 限值	中度损坏，变形 $\leqslant$ 限值

注：设防地震和罕遇地震水准下，验算应力比时采用钢材强度按屈服值计算；变形限值根据相应的性能评价准则确定，详见本书第 5 章。

（2）取消"菜单式"的性能目标设定方法，基于受力特点与功能需求对结构和不同构件独立设定对应的性能目标，可提高性能目标设定的灵活性，具有更为广泛的适用范围。

以某 8 度区（0.3g）5 层钢框架-中心支撑结构为例（图 2-12），对该结构按照"小震不坏、大震不倒"的基本设防水准进行设计，并根据结构与构件在不同地震水准下预期达到的性能水准，进行分层级性能目标设定与评价。

多遇地震下，要求结构保持完好，层间位移角不超过 1/250；构件处于弹性状态，进行设计承载力复核。罕遇地震下，对于结构整体，要求其保持直立不发生垮塌，通过层间位移角与残余位移角进行控制；对于结构构件，将框架梁与支撑设计为耗能构件，要求其率先屈服耗能，允许其达到较高的损坏程度，而框架柱作为主要竖向构件，要求其不超过轻度损坏。

根据上述针对结构的概念设计及构件功能的分析，可确定对该案例进行抗震性能化设计时的性能目标如表 2-23 所示。其中，支撑柱为重要的竖向构件，将其轴压力作为"力控制"效应进行控制，要求罕遇地震下瞬时轴压比不超过 1.0；考虑到本案例中所有构件在罕遇地震下均允许进入塑性变形状态，因此要求对各类构件的"变形控制"效应均需进行验算。对耗能构件如钢支撑、框架梁，允许的损坏程度大于竖向构件。

(a) 结构平面布置图　　　　　　　　(b) 结构宏观模型

图 2-12　钢框架-中心支撑结构案例

典型钢框架-中心支撑结构性能目标与评价指标　　　　表 2-23

类别		多遇地震	罕遇地震
结构层次	层位移角	1/250	1/50
	残余位移角	—	1/250
关键构件（支撑柱）	力控制效应	应力比 ≤ 0.80	允许屈服，瞬时轴压比 ≤ 1.0
	变形控制效应	—	3 级，轻度损坏
普通竖向构件（框架柱）	力控制效应	应力比 ≤ 0.80	允许屈服
	变形控制效应	—	3 级，轻度损坏
耗能构件（钢支撑）	力控制效应	应力比 ≤ 0.90	允许屈服
	变形控制效应	—	4 级，中度损坏
耗能构件（框架梁）	力控制效应	应力比 ≤ 0.90	允许屈服
	变形控制效应	—	4 级，中度损坏

注：罕遇地震水准下，验算应力比时采用钢材强度按屈服值计算。

2.3 本章小结

本章针对国内现有主要规范标准中涉及的性能化设计方法进行了对比总结，对其本质特点和应用中存在的问题进行了梳理。在此基础上，基于抗震性能化设计本质要求及我国钢结构设计应用特点，从设防水准设定、概念设计、性能目标设定、分析方法与性能评价等多方面进行了改进，研究提出了多高层钢结构抗震性能化设计的改进方法，得到以下主要结论：

（1）我国现行规范中关于钢结构抗震性能化设计的规定尚不统一，叠加了常规抗震设计以"小震设计"包络大震性能所需的抗震措施，实质上并未形成完备独立的性能化设计体系。在性能目标设定上采用"菜单式"，较缺乏灵活性，且缺少针对构件变形的性能评价准则；对于不同地震水准下结构分析方法的要求不明确，主要依据的等效线性方法或抗震措施，对结构的性能评价存在不确定性，同时难以实现合理的经济性；另外，我国规范抗震性能化设计中主要遵循"等能量原则"对构件承载力与延性进行匹配，应用于中长周期结构具有一定的局限性。

（2）本书提出的多高层钢结构抗震性能化设计改进方法，不局限于特定的设防水准，而是根据结构全生命周期具体性能需求按正常使用阶段和极限性能阶段灵活确定相应的设防水准，可适应不同类别建筑的性能需求。

（3）本书改进方法在概念设计阶段即融入抗震性能化设计思想，重视关系结构整体性能的原则性问题决策，包括确定结构承重体系、抗侧力体系与屈服机制，并根据不同结构体系以及不同构件在体系中的受力特点、功能需求等，明确结构整体与结构构件的设计策略，从而避免后期不必要的调整和计算，确保结构性能目标的顺利实现，降低设计成本。

（4）本书改进方法在设定结构性能目标时，根据结构的重要性和复杂性进行个性化制定，以提高性能目标设定的灵活性，同时在设定性能目标时明确区分结构层次与构件层次。

（5）本书改进方法要求对进入塑性状态的结构必须采用弹塑性分析，以真实、全面地反映结构与构件在地震作用下的力学响应，从而实现直观、可靠的性能评价，放宽现有规范标准中对于结构规则性指标限值与抗震措施的要求。

（6）本书改进方法在根据结构与构件损坏程度划分性能水准等级的基础上，采用不同的性能评价指标对性能目标进行分层级量化，以更准确把控结构性能目标状态。其中结构层次主要采用层间位移角指标，对构件的"力控制"效应基于承载力分析验算，对构件的"变形控制"效应基于变形完成定量的性能评价。

第 3 章

H 形截面受弯与压弯钢构件
延性试验研究

目前在我国多高层钢结构的抗震设计中，构件延性主要通过限制截面板件宽厚比等抗震措施来实现，该方法难以准确评价钢构件在地震作用下的延性性能，故实际应用中多参考美国 ASCE 41-13 等标准，但由于国内外钢构件截面分类、钢材属性以及性能水准等级划分等都存在差异，直接应用并不合理，因此为实现性能化设计过程中对构件延性性能完成准确评价的要求，建立适用于我国钢结构构件的性能评价准则尤为必要。

对钢构件的延性研究是建立其性能评价准则的技术基础，但如本书第 1 章所述，就建立性能评价准则而言，现有研究中包括加载方式、观测内容和参数设计等均存在一定的局限性，尚未形成可直接应用于抗震性能化设计的系统性成果。另外，现有研究多以位移或转角表征构件延性，基于曲率或应变的研究尚不充分，更是缺少面向抗震设计的循环加载条件下的研究成果。鉴于此，本章基于工程中最常用的 H 形截面受弯和压弯钢构件，开展低周反复试验研究，分析截面翼缘宽厚比、腹板高厚比和轴压比等因素对构件承载力、延性、耗能能力和破坏模式等的影响；提出基于转角、曲率和应变三种受弯和压弯钢构件延性指标的计算方法，并展开对比分析。

3.1 试验设计

3.1.1 设计原则

钢框架为工程应用中最为常见的钢结构体系，主要由框架柱和框架梁组成，图 3-1 为一典型钢框架在平面内弯矩作用下的受力形态。其中框架柱与框架梁的主要受力特征均可由反弯点至固定端截取的悬臂构件进行等效，为便于研究，本书将悬臂构件作为试验构件形式。

3.1.2 钢材材性试验

试验构件选用的钢材包括名义厚度 4mm 和 6mm 两种规格，材性测试试样从制作试验构件的同批次钢材中切取，每组 3 个，钢材型号为目前国内建筑工程中应用最广泛的 Q355 级。

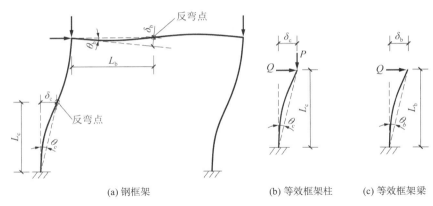

(a) 钢框架　　　　　　　(b) 等效框架柱　　(c) 等效框架梁

图 3-1　典型钢框架及梁、柱等效悬臂构件

　　本书参考《金属材料 拉伸试验 第 1 部分：室温试验方法》GB/T 228.1—2021[108]，在材料拉伸试验机上完成试样的拉伸试验，试样中部变形通过标距为 50mm 的引伸计测量。试验装置与试样尺寸见图 3-2 与图 3-3，试样最终破坏形态见图 3-4，各试样均在中间位置拉断，且发生颈缩现象。试验测得的各试样材性基本参数见表 3-1，后续分析中均采用实测材性平均值。因 4mm 和 6mm 钢材弹性模量均在 194～207GPa 之间，差异较小，下文统一取弹性模量为 200GPa。

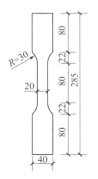
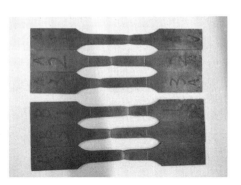

图 3-2　试验装置　　图 3-3　试样尺寸　　图 3-4　试样最终破坏形态

实测各试样材性基本参数　　　　　　　　表 3-1

试样规格	试样编号	实测厚度/mm	屈服应力/MPa	极限应力/MPa	弹性模量/GPa	延伸率
4mm	A1	3.98	365	485	202	26.3%
	A2	3.98	360	480	194	27.0%
	A3	4.00	360	475	207	25.5%
	平均值	3.99	362	480	201	26.3%
6mm	B1	5.84	408	505	196	26.7%
	B2	5.84	390	495	196	26.0%
	B3	5.82	400	500	200	25.7%
	平均值	5.83	399	500	197	26.1%

3.1.3　试验构件设计参数

考虑到用于抗震设计的钢构件通常要求具有较好的延性，同时参考我国《钢标》基于延性的构件截面分类，本书以 S1～S4 截面等级受弯、压弯钢构件为主要研究对象，不考虑 S5 级薄柔截面类型，共设计 10 个受弯试件与 12 个压弯试件。试件截面尺寸参数如图 3-5 所示，主要包括：截面高度 h，截面宽度 b，腹板净高 h_w，外伸翼缘宽度 b_f，腹板厚度 t_w，翼缘厚度 t_f。试件基本设计参数列于表 3-2，其中 η_f 和 η_w 分别为考虑屈服强度修正的等效翼缘宽厚比和等效腹板高厚比，n 为轴压比。

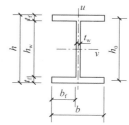

图 3-5　试件截面尺寸

$$\eta_\mathrm{f} = \frac{b_\mathrm{f}}{t_\mathrm{f}}\sqrt{f_\mathrm{yf}/235} \tag{3-1}$$

$$\eta_\mathrm{w} = \frac{h_\mathrm{w}}{t_\mathrm{w}}\sqrt{f_\mathrm{yw}/235} \tag{3-2}$$

$$n = \frac{P}{P_\mathrm{y}} = \frac{P}{A_\mathrm{f}f_\mathrm{yf} + A_\mathrm{w}f_\mathrm{yw}} \tag{3-3}$$

式中，f_yf、f_yw 分别为翼缘和腹板的材料屈服强度；P_y 为构件屈服轴压力；A_f、A_w 分别为构件截面翼缘和腹板面积。

试件基本设计参数　　　　　　　　　　　　表 3-2

编号	截面尺寸/mm	宽厚比		轴压力 P/kN	轴压比 n	构件长度 L/mm	长细比
	$h \times b \times t_\mathrm{w} \times t_\mathrm{f}$	腹板 η_w	翼缘 η_f				
A-S1-40-6	$140 \times 60 \times 4 \times 5.84$	39.8	6.2			800	120
A-S1-46-7	$160 \times 70 \times 4 \times 5.84$	46.0	7.4			800	104
A-S1-52-9	$180 \times 80 \times 4 \times 5.84$	52.2	8.5			800	91
A-S2-58-10	$200 \times 90 \times 4 \times 5.84$	58.4	9.6			800	81
A-S2-65-10	$220 \times 90 \times 4 \times 5.84$	64.6	9.6			1000	103
A-S2-65-11	$220 \times 100 \times 4 \times 5.84$	64.6	10.7	0	0	1000	91
A-S3-71-12	$240 \times 110 \times 4 \times 5.84$	70.8	11.8			1000	82
A-S3-83-12	$280 \times 110 \times 4 \times 5.84$	83.3	11.8			1200	102
A-S3-83-13	$280 \times 120 \times 4 \times 5.84$	83.3	12.9			1200	92
A-S4-96-14	$320 \times 130 \times 4 \times 5.84$	95.7	14.1			1200	86
B-S2-43-10-0.2	$150 \times 90 \times 4 \times 5.84$	42.9	9.6	140	0.2	800	76
B-S2-43-10-0.4	$150 \times 90 \times 4 \times 5.84$	42.9	9.6	225	0.36	800	76
B-S2-43-10-0.6	$150 \times 90 \times 4 \times 5.84$	42.9	9.6	420	0.6	800	76

续表

编号	截面尺寸/mm	宽厚比		轴压力P/kN	轴压比n	构件长度L/mm	长细比
	$h \times b \times t_w \times t_f$	腹板η_w	翼缘η_f				
C-S1-46-7-0.4	$160 \times 70 \times 4 \times 5.84$	46.0	8.5	266	0.4	800	104
C-S1-46-9-0.4	$160 \times 80 \times 4 \times 5.84$	46.0	7.4	246		800	89
C-S2-49-10-0.4	$170 \times 90 \times 4 \times 5.84$	49.1	9.6	294		800	78
C-S2-52-10-0.4	$180 \times 95 \times 4 \times 5.84$	52.2	10.2	311		800	74
C-S2-54-11-0.4	$185 \times 100 \times 4 \times 5.84$	53.8	10.7	325		800	70
C-S3-58-12-0.4	$200 \times 115 \times 4 \times 5.84$	58.4	12.4	366	0.4	1000	75
C-S3-62-13-0.4	$210 \times 120 \times 4 \times 5.84$	61.5	12.9	383		1000	72
C-S3-71-12-0.4	$240 \times 110 \times 4 \times 5.84$	70.8	11.8	383		1000	82
C-S4-71-14-0.4	$240 \times 130 \times 4 \times 5.84$	70.8	14.1	424		1000	67

注：试件按照"构件分组-截面等级-等效腹板高厚比-等效翼缘宽厚比-轴压比"编号，其中，A 组代表受弯构件（编号中轴压比项予以省略），B 组为对比轴压比影响的压弯构件，C 组为对比板件宽厚比影响的压弯构件，S1～S4 截面等级的确定均按《钢标》受弯构件板件宽厚比限值确定（对于压弯构件，不考虑轴压力对截面板件宽厚比限值的影响）。试件长细比处于 60～120 范围内，为工程中常见的构件长细比。

3.1.4 试验方案

3.1.4.1 试验装置

（1）受弯构件试验

本试验在苏州科技大学结构实验室反力架-平行四连杆加载试验机上完成，试验装置如图 3-6 所示。受弯构件底部与锚固底座螺栓连接形成固定端，顶部通过水平传动装置与加载梁相连，由 500kN 液压伺服作动器驱动施加水平往复荷载。L 形传动梁及加载梁的自重由架设的两根牛腿承担，牛腿顶部的滚轴与四连杆可保证加载过程中加载梁处于水平状态且高度维持不变。为校核液压伺服作动器提供的水平荷载值大小，剔除加载过程中摩擦力等因素的影响，在传动装置中设置一力传感器进行同步数据采集。

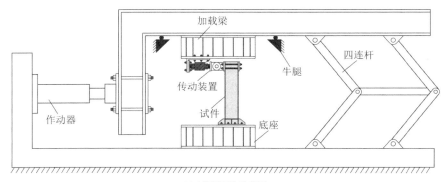

(a) 试验装置示意图

(b) 试验装置实景图

图 3-6　受弯构件试验装置

（2）压弯构件试验

压弯构件试验装置如图 3-7 所示，压弯构件底部与锚固底座螺栓连接形成固定端，顶部通过销轴与加载梁相连，销轴可保证在传递水平位移与竖向荷载的同时不限制构件顶部转动。水平往复位移由 500kN 液压伺服作动器施加，轴向力由 L 形传动梁上部的千斤顶施加，其数值由力传感器实时监控。在千斤顶与 L 形传动梁之间设置水平滑动装置以尽可能减小摩擦力。

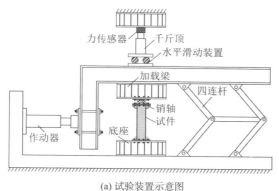

(a) 试验装置示意图

(b) 试验装置实景图

图 3-7　压弯构件试验装置

3.1.4.2　加载制度

本书试件加载制度参考《建筑抗震试验规程》JGJ/T 101—2015[100]的规定。首先通过千斤顶施加恒定的轴向荷载（受弯构件试验不含此步骤），然后通过液压伺服作动器施加水平往复荷载。在试件屈服前，水平荷载采用力控制加载，各级荷载取 0.5Q_y、0.75Q_y 和 Q_y（Q_y 为试件侧向屈服荷载），分别等幅循环 1 周；试件屈服后，水平荷载采用变形控制加载，加载制度如图 3-8 所示，各级位移取试件屈服位移δ_y的倍数，即±2δ_y、±3δ_y、±4δ_y……，分别等幅循环 3 周，直至承载力降低至峰值的 85% 以下或试件失效。考虑到加载过程中因构件挠曲和局部屈曲等原因构件顶部的竖向位移会存在一定波动，为防止千斤顶施加的竖向力发生变化，本书在试验过程中密切监测力传感器数据，并对千斤顶进行实时调整以保证所加竖向力恒定。

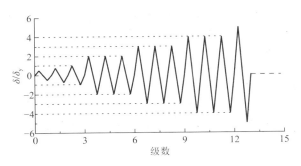

图 3-8　水平荷载加载制度

为方便描述，如表 3-3 所示，结合加载幅值和循环次数定义相应级数。

加载级数与加载幅值对应表　　　　表 3-3

级数	加载幅值	循环次数	级数	加载幅值	循环次数
1	$\pm 0.5Q_y$	1	13～15	$\pm 5\delta_y$	3
2	$\pm 0.75Q_y$	1	16～18	$\pm 6\delta_y$	3
3	$\pm Q_y$	1	19～21	$\pm 7\delta_y$	3
4～6	$\pm 2\delta_y$	3	22～24	$\pm 8\delta_y$	3
7～9	$\pm 3\delta_y$	3	25～28	$\pm 9\delta_y$	3
10～12	$\pm 4\delta_y$	3	29～31	$\pm 10\delta_y$	3

3.1.4.3　数据采集方案

试验中对加载端水平方向的荷载与位移，支座的转动与滑移数据进行采集。其中加载过程中水平荷载通过液压伺服系统与力传感器记录，位移通过位移计测量，每个试件布置 5 个位移计，各位移计编号与测量内容见表 3-4。

另外，试验中对试件局部屈曲的发展过程进行重点观测，并对局部屈曲可能发生区域的应变发展进行持续监测。应变片布置在距离支座 $H/2$ 和 H 处两个截面，每个截面各布置 16 个应变片。受弯构件与压弯构件应变片与位移计的布置分别如图 3-9 和图 3-10 所示。

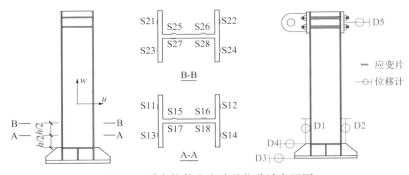

图 3-9　受弯构件应变片及位移计布置图

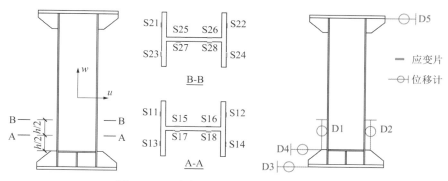

图 3-10　压弯构件应变片及位移计布置图

位移计编号与测量内容　　　　　　　　　　　　　　　　表 3-4

位移计编号	方向	测量内容
D1~D2	面内竖向	柱脚转动
D3~D4	面内水平	柱脚水平滑移
D5	面内水平	加载点水平位移

3.1.5　构件计算参数定义

构件侧向屈服荷载 Q_y、屈服弯矩 M_y 与加载端屈服位移 δ_y 以及全截面塑性弯矩 M_p 为本书针对构件延性的分析中涉及的重要参数，本节统一给出定义与计算方法。

（1）侧向屈服荷载与加载端屈服位移

本书试验构件腹板与翼缘分别采用 4mm 和 6mm 厚钢板，其屈服强度存在差别，因此腹板与翼缘屈服顺序存在不确定性。本书约定，将截面任意位置出现屈服时对应的荷载和弯矩定义为侧向屈服荷载 Q_y 和屈服弯矩 M_y，相应的加载端位移定义为屈服位移 δ_y。

弹性阶段截面上的应变与应力分布见图 3-11，有

$$\sigma_f = \frac{H}{h_w}\sigma_w + \left(1 - \frac{H}{h_w}\right)\frac{N}{A} \tag{3-4}$$

式中，σ_f 和 σ_w 分别为翼缘边缘应力和腹板边缘应力；N 为轴压力；A 为构件截面面积。

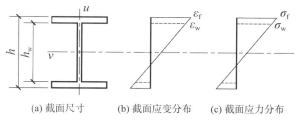

(a) 截面尺寸　　　(b) 截面应变分布　　　(c) 截面应力分布

图 3-11　弹性阶段截面应力应变分布

若 $f_{yf} > \dfrac{H}{h_w}f_{yw} + \left(1 - \dfrac{H}{h_w}\right)\dfrac{N}{A}$，则腹板边缘率先屈服，即 $\sigma_w = f_{yw}$，此时屈服弯矩为：

$$M_{y} = \left(f_{yw} - \frac{N}{A}\right)\frac{H}{h_{w}}W \tag{3-5}$$

若 $f_{yf} \leqslant \frac{H}{h_{w}}f_{yw} + \left(1 - \frac{H}{h_{w}}\right)\frac{N}{A}$，则翼缘边缘率先屈服，即 $\sigma_{f} = f_{yf}$，此时屈服弯矩为：

$$M_{y} = \left(f_{yf} - \frac{N}{A}\right)W \tag{3-6}$$

对于本书研究的悬臂构件，屈服时加载端侧向位移较小，可忽略轴力产生的二阶效应的影响，侧向屈服荷载可按下式计算：

$$Q_{y} = \frac{M_{y}}{L} \tag{3-7}$$

式中，L 为构件长度。

屈服位移为：

$$\delta_{y} = \frac{Q_{y}L^{3}}{3EI} + \frac{\kappa Q_{y}L}{GA} = \frac{M_{y}L^{2}}{3EI} + \frac{\kappa M_{y}}{GA} \tag{3-8}$$

式中，κ 为剪应力不均匀系数，可根据文献[109]计算；G 为截面剪切模量。

（2）全截面塑性弯矩

本书将全截面均达到屈服应力时对应的弯矩定义为全截面塑性弯矩 M_{p}。假定轴压力由全截面共同承担，不考虑材料强化作用，则根据轴压力的大小，达到全截面塑性时截面应力分布可分为图 3-12 所示的两种形式。

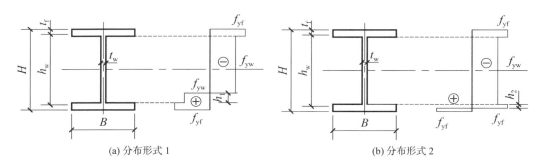

(a) 分布形式 1   (b) 分布形式 2

图 3-12　全截面塑性应力分布形式

当轴压力满足 $P \leqslant f_{yw}t_{w}h_{w}$ 时，应力分布形式如图 3-12（a）所示，此时有：

$$h_{1} = \left(h_{w} - \frac{P}{f_{yw}t_{w}}\right)/2 \tag{3-9}$$

$$M_{p} = f_{yf}Bt_{f}(H - t_{f}) + f_{yw}t_{w}h_{1}(h_{w} - h_{1}) \tag{3-10}$$

当轴压力满足 $P > f_{yw}t_{w}h_{w}$ 时，应力分布形式如图 3-12（b）所示，此时有：

$$h_{2} = \frac{P - f_{yw}t_{w}h_{w}}{2f_{yf}B} \tag{3-11}$$

$$M_{p} = f_{yf}B(t_{f} - h_{2})(H - t_{f} + h_{2}) \tag{3-12}$$

3.2　试验现象

3.2.1　破坏过程

为便于描述试验现象，下文约定采用"$\pm n\delta_y(cyi)$"表述构件所处加载阶段。其中δ_y为构件屈服位移，n为当前加载循环位移幅值δ与屈服值δ_y的比值，cyi表示当前循环级数，$\pm$代表该循环位移方向，约定正u向（即试件右侧）为正，负u向（即试件左侧）为负。试验时对支座滑移与转动变形进行监测，下文中构件端部位移统一取扣除上述变形后的实际位移。

3.2.1.1　受弯构件

试件 A-S1-46-7 在$-5\delta_y(cy3)$级时左侧翼缘距端板约 40mm 处发生轻微屈曲，随后在$+6\delta_y(cy1)$级时右侧翼缘也发生屈曲。在$+7\delta_y(cy1)$级时腹板出现鼓曲，在$+7\delta_y(cy2)$级时翼缘与腹板屈曲波形均完全形成，当位移加到$10\delta_y$时，试件承载力降至峰值的 85% 以下，试验终止（图 3-13）。

(a) $-5\delta_y(cy3)$左侧翼缘屈曲　(b) $+6\delta_y(cy1)$右侧翼缘屈曲　(c) $+7\delta_y(cy1)$腹板屈曲　(d) 破坏形态

图 3-13　试件 A-S1-46-7 破坏过程

试件 A-S1-52-9 在$+5\delta_y(cy1)$级时右侧翼缘距端板约 40mm 处发生轻微屈曲，此时对应整个加载过程中的荷载峰值，随后在$-5\delta_y(cy2)$级时左侧翼缘发生屈曲，在$+7\delta_y(cy1)$级时腹板出现鼓曲，屈曲波形完全形成。在$-7\delta_y(cy3)$级时左侧翼缘出现扭转趋势，$+8\delta_y(cy3)$级时构件因局部屈曲变形过大开始发生扭转，此时构件承载力降至峰值的 85% 以下，试验终止（图 3-14）。

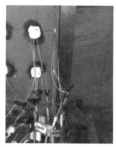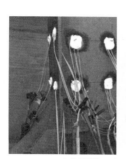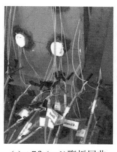

(a) $+5\delta_y(cy1)$右侧翼缘屈曲　(b) $-5\delta_y(cy2)$左侧翼缘屈曲　(c) $+7\delta_y(cy1)$腹板屈曲　(d) 破坏形态

图 3-14　试件 A-S1-52-9 破坏过程

试件 A-S1-40-6 在+5δ_y(cy1)级时右侧翼缘在距端板约 40mm 范围内出现轻微屈曲，腹板有鼓曲趋势。随着加载继续，翼缘和腹板屈曲变形程度没有明显增大，但翼缘、腹板与端板交界处逐渐出现油漆脱落，并出现细微裂纹，在往复荷载作用下出现裂缝。加载至+7δ_y(cy2)级时，试件翼缘与端板交界处临近焊缝位置发生断裂，试件破坏（图 3-15）。此时试件已经有较为充分的塑性发展，发生断裂可能是焊缝位置残余应力与超低周疲劳共同作用的结果。

| (a) +5δ_y(cy1)右侧翼缘屈曲 | (b) +5δ_y(cy1)腹板微屈曲 | (c) +6δ_y(cy1)构件变形 | (d) 破坏形态 |

图 3-15　试件 A-S1-40-6 破坏过程

试件 A-S2-58-10 在−4δ_y(cy3)级时观测到左侧翼缘距端板约 100mm 范围出现轻微屈曲，随后在+5δ_y(cy1)级时东翼缘距端板约 120mm 范围内出现屈曲。在+7δ_y(cy2)级时腹板出现鼓曲，当位移达到 10δ_y时，构件承载力已降至峰值的 85% 以下，且构件因局部屈曲变形过大开始发生扭转，试验终止（图 3-16）。

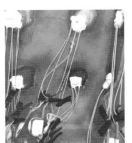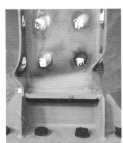

| (a) −4δ_y(cy3)左侧翼缘屈曲 | (b) +5δ_y(cy1)右侧翼缘屈曲 | (c) 屈曲破坏过程 | (d) 破坏形态 |

图 3-16　试件 A-S2-58-10 破坏过程

试件 A-S2-65-10 在+4δ_y(cy1)级时右侧翼缘距端板约 80mm 范围内有屈曲趋势；腹板距端板 40mm 上方 80mm 范围内出现鼓曲趋势；在+4δ_y(cy2)级时东翼缘形成屈曲半波，波峰距端板约 100mm，同时腹板鼓曲，屈曲半波沿斜向发展；在−4δ_y(cy3)级时观测到左侧翼缘屈曲，发生扭转变形，腹板屈曲波沿斜向发展。随着位移增加，受压翼缘屈曲变形加剧；腹板屈曲半波由斜向逐渐趋于水平；翼缘与腹板交界处因往复荷载作用，油漆剥落，焊缝处有撕裂趋势。加载至+6δ_y(cy1)级时，试件承载力降至峰值的 85% 以下，试验结束（图 3-17）。

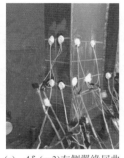

(a) $+4\delta_y$(cy1)右侧翼缘屈曲　　(b) $+4\delta_y$(cy2)腹板屈曲　　(c) $-4\delta_y$(cy3)左侧翼缘屈曲　　　(d) 破坏形态

图 3-17　试件 A-S2-65-10 破坏过程

　　试件 A-S2-65-11 在$+3\delta_y$(cy2)级时右侧翼缘距端板约 90mm 范围内有屈曲趋势；在$+4\delta_y$(cy1)级时右侧翼缘形成屈曲半波，波峰距端板约 55mm，同时腹板鼓曲，半波沿斜向发展；在$-4\delta_y$(cy2)级时左侧受压翼缘有屈曲趋势；在$+5\delta_y$(cy1)级时，腹板面外变形增大，半波与水平方向夹角约为 45°，左侧受压翼缘屈曲波峰距端板约 65mm；随着位移增加，翼缘、腹板面外变形增大，腹板屈曲半波与水平方向夹角约为 45°，东、左侧半波基本对称；加载至$+7\delta_y$(cy3)级时，右侧翼缘腹板交界处撕裂，试件承载力降至峰值的 85% 以下，试验终止（图 3-18）。

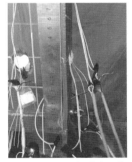

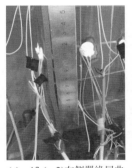

(a) $+3\delta_y$(cy3)右侧翼缘屈曲　　(b) $+4\delta_y$(cy1)腹板屈曲　　(c) $-4\delta_y$(cy2)左侧翼缘屈曲　　　(d) 破坏形态

图 3-18　试件 A-S2-65-11 破坏过程

　　试件 A-S3-71-12 在$+3\delta_y$(cy2)级时右侧翼缘距端板约 110mm 范围内出现微屈曲；在$+4\delta_y$(cy1)级时右侧翼缘形成屈曲半波，波峰距端板约 65mm，腹板有鼓曲趋势，半波沿斜向发展；在$-4\delta_y$(cy1)级时左侧受压翼缘屈曲，屈曲半波波峰距端板约 70mm。随着荷载增加，受压翼缘南、北板幅向相反方向发展屈曲半波，且波峰位置有所差别，翼缘形成扭转变形；腹板因翼缘扭转变形和本身屈曲面外变形，屈曲半波逐渐趋于水平。加载至$-7\delta_y$(cy3)级时，右侧翼缘与腹板交界处有明显撕裂，试件承载力降至峰值的 85% 以下，试验终止（图 3-19）。

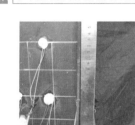
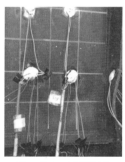
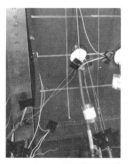

(a) +3δ_y(cy2)右侧翼缘屈曲   (b) +4δ_y(cy1)腹板屈曲   (c) −4δ_y(cy1)左侧翼缘屈曲   (d) 破坏形态

图 3-19   试件 A-S3-71-12 破坏过程

试件 A-S3-83-12 在+3δ_y(cy1)级时右侧翼缘出现屈曲半波，波峰距端板约 110mm；腹板有屈曲趋势，半波沿斜向发展。在+3δ_y(cy2)级时右侧翼缘、腹板面外变形增大，腹板半波与水平方向夹角约为 30°。在−3δ_y(cy2)级时左侧翼缘出现屈曲半波，波峰距端板约 90mm。随着荷载增加，翼缘、腹板面外变形增加，翼缘东、左侧屈曲半波基本对称。加载至−7δ_y(cy1)级时，右侧翼缘与腹板交界处局部撕裂，构件底部发生轻微的面外扭曲，试件承载力降至峰值的 85% 以下，试验终止（图 3-20）。

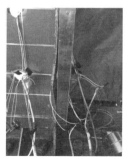

(a) +3δ_y(cy1)右侧翼缘屈曲   (b) +3δ_y(cy1)腹板屈曲   (c) −3δ_y(cy2)左侧翼缘屈曲   (d) 破坏形态

图 3-20   试件 A-S3-83-12 破坏过程

试件 A-S3-83-13 在+2δ_y(cy1)级时右侧翼缘距端板 130mm 范围出现屈曲趋势；腹板也出现微鼓曲，屈曲半波沿斜向发展。在+2δ_y(cy2)级时右侧翼缘形成屈曲半波，波峰距端板约 80mm，腹板鼓曲变形有增大趋势。在+3δ_y(cy1)级时右侧翼缘和腹板面外变形增加，腹板屈曲半波沿斜向发展。在−3δ_y(cy1)级时左侧翼缘屈曲，屈曲波峰距端板约 85mm。随着荷载增加，翼缘、腹板面外变形明显增加。加载至−7δ_y(cy1)级时，底部弯矩最大部位出现严重的局部屈曲，并出现轻微的面外扭曲，试件承载力降至峰值的 85% 以下，试验终止（图 3-21）。

试件 A-S4-96-14 在+3δ_y(cy1)级时右侧翼缘在距端板约 160mm 范围内有屈曲趋势，腹板也出现微鼓曲，屈曲半波沿斜向发展。在+3δ_y(cy3)级时右侧翼缘出现明显的屈曲波形，波峰距端板约 85mm，腹板鼓曲变形有增大趋势。在−4δ_y(cy1)级时左侧翼缘出现明显的屈曲波形，腹板屈曲半波发展几乎趋于水平。当位移加到+6δ_y时，构件承载力已降至峰值的

85%以下，试验终止（图 3-22）。

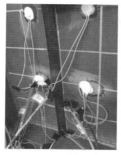

(a) +2δ_y(cy1)右侧翼缘屈曲　　(b) +2δ_y(cy1)腹板微鼓曲　　(c) −3δ_y(cy1)左侧翼缘屈曲　　(d) 破坏形态

图 3-21　试件 A-S3-83-13 破坏过程

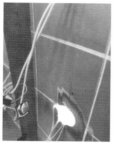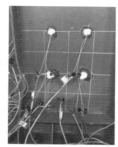

(a) +3δ_y(cy1)右侧翼缘屈曲　　(b) +3δ_y(cy1)腹板微鼓曲　　(c) −4δ_y(cy1)左侧翼缘屈曲　　(d) 破坏形态

图 3-22　试件 A-S4-96-14 破坏过程

3.2.1.2　压弯构件

试件 B-S2-43-10-0.2 在加载至+3δ_y(cy1)级时右侧受压翼缘屈曲，屈曲半波波峰距端板约 70mm。腹板在该加载级也出现微鼓曲，波峰位于腹板中部，距端板约 60mm。在−3δ_y(cy1)级时，左侧受压翼缘屈曲，形成单个半波，波峰距端板约 95mm。该级荷载腹板出现明显鼓曲，屈曲半波基本呈水平，波峰距端板约 70mm，与右侧翼缘波峰相同。随着荷载增加，翼缘腹板面外变形加剧，翼缘形成扭转变形，腹板半波发展保持水平。在−5δ_y(cy1)级时，试件底部局部屈曲变形严重，承载能力降至峰值的 85%以下，试验终止（图 3-23）。

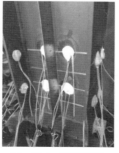

(a) +3δ_y(cy1)右侧翼缘屈曲　　(b) +3δ_y(cy1)腹板鼓曲　　(c) −3δ_y(cy1)左侧翼缘屈曲　　(d) 破坏形态

图 3-23　试件 B-S2-43-10-0.2 破坏过程

试件 B-S2-43-10-0.4 在加载至$-3\delta_y$(cy1)级时左侧受压翼缘屈曲，屈曲半波波峰距端板约 90mm；右侧翼缘距端板约 75mm 范围内有屈曲趋势。在$+3\delta_y$(cy2)级时右侧受压翼缘屈曲，波峰距端板约 90mm，翼缘形成扭转变形，腹板距端板上方 50mm 范围内有鼓曲趋势。在$+3\delta_y$(cy3)级时翼缘鼓曲和扭转变形加剧，腹板出现鼓曲，腹板半波基本平行于水平方向，且鼓曲范围基本横跨板幅，左右两侧翼缘屈曲形态基本对称。随着加载继续，翼缘、腹板塑性变形加剧。在$-4\delta_y$(cy2)级时，试件底部局部屈曲变形严重，承载能力降至峰值的 85%以下，试验终止（图 3-24）。

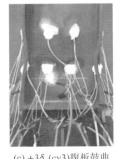

(a) $-3\delta_y$(cy1)左侧翼缘屈曲　　(b) $+3\delta_y$(cy2)右侧翼缘屈曲　　(c) $+3\delta_y$(cy3)腹板鼓曲　　(d) 破坏形态

图 3-24　试件 B-S2-43-10-0.4 破坏过程

试件 B-S2-43-10-0.6 在加载至$+3\delta_y$(cy1)级时右侧受压翼缘屈曲，屈曲半波波峰距端板约 50mm。该级荷载腹板出现微鼓曲，波峰位于腹板中部，距端板约 50mm。在$-3\delta_y$(cy1)级时，左侧受压翼缘屈曲，形成单个半波，波峰距端板约 50mm。在$+3\delta_y$(cy2)级时，翼缘腹板面外变形加剧，腹板半波发展保持水平，左右两侧翼缘屈曲形态基本对称。随着加载继续，翼缘、腹板塑性变形加剧。在$+4\delta_y$(cy2)级时，试件底部局部屈曲变形严重，承载能力降至峰值的 85%以下，试验终止（图 3-25）。

(a) $+3\delta_y$(cy1)右侧翼缘屈曲　　(b) $-3\delta_y$(cy1)腹板鼓曲　　(c) $-4\delta_y$(cy1)左侧翼缘屈曲　　(d) 破坏形态

图 3-25　试件 B-S2-43-10-0.6 破坏过程

试件 C-S1-46-7-0.4 加载至$+3\delta_y$(cy3)级时右侧翼缘出现屈曲，屈曲半波波峰距端板约 90mm，同时腹板距端板约 80mm 范围内发生微鼓曲。在$-3\delta_y$(cy3)级时，左侧受压翼缘发生屈曲，受压翼缘屈曲半波波峰距端板约 95mm；腹板屈曲变形进一步发展，屈曲半波基本水平，半波范围和波长与右侧翼缘基本一致。随着位移增加，翼缘与腹板面外变形逐步增大，左右两侧翼缘屈曲半波基本对称。加载至 $-4\delta_y$(cy3)级时，试件底部局部屈曲变形严重，承载能力降至峰值的 85% 以下，试验终止（图 3-26）。

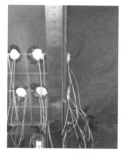

(a) $+3\delta_y$(cy3)右侧翼缘屈曲　　(b) $+3\delta_y$(cy3)腹板鼓曲　　(c) $-3\delta_y$(cy3)左侧翼缘屈曲　　(d) 破坏形态

图 3-26　试件 C-S1-46-7-0.4 破坏过程

试件 C-S1-46-9-0.4 在加载至 $+3\delta_y$(cy2)级时右侧受压翼缘发生屈曲，屈曲半波波峰距端板约 80mm，同时腹板距端板约 70mm 范围内有鼓曲趋势，与翼缘波峰位置相近。在 $-3\delta_y$(cy2)级时，左侧翼缘受压屈曲，波峰距端板约 85mm，与右侧翼缘半波基本一致，同时腹板出现明显鼓曲，鼓曲变形基本呈水平发展。在 $+4\delta_y$(cy1)级时翼缘、腹板面外变形加剧，左右两侧翼缘板屈曲变形基本对称，波峰位置有轻微差别，翼缘形成扭转变形，腹板面外变形基本横跨板幅。在 $-4\delta_y$(cy1)级时，试件底部局部屈曲变形严重，承载能力降至峰值的 85% 以下，试验终止（图 3-27）。

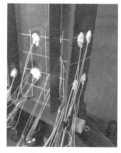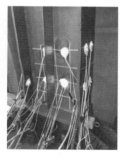

(a) $+3\delta_y$(cy2)右侧翼缘屈曲　　(b) $-3\delta_y$(cy2)左侧翼缘屈曲　　(c) $-3\delta_y$(cy2)腹板鼓曲　　(d) 破坏形态

图 3-27　试件 C-S1-46-9-0.4 破坏过程

试件 C-S2-49-10-0.4 加载至 $-3\delta_y$(cy2)级时左侧受压翼缘屈曲，形成单个半波，屈曲半波波峰距端板约 80mm，该级荷载腹板屈曲，波峰位于腹板中部，距端板约 50mm，与翼缘波峰有差别。在 $+3\delta_y$(cy3)级时右侧翼缘形成屈曲半波，波峰距端板约 80mm，与左侧翼缘半波基本一致。该级荷载腹板鼓曲变形继续发展，面外变形增大，波峰距端板约 70mm，逐渐与东、左侧翼缘波峰一致。随着荷载增加，翼缘形成扭转变形，腹板面外鼓曲变形基本沿水平方向发展，腹板鼓曲波形波峰大致对应于两侧翼缘屈曲波峰位置。加载至 $-4\delta_y$(cy1)级时，试件底部局部屈曲变形严重，承载能力降至峰值的85%以下，试验终止（图3-28）。

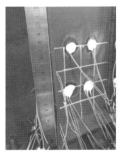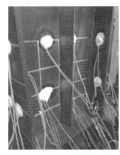

（a）−3δ_y(cy2)左侧翼缘屈曲　　（b）−3δ_y(cy2)腹板鼓曲　　（c）+3δ_y(cy3)右侧翼缘屈曲　　（d）破坏形态

图3-28　试件C-S2-49-10-0.4破坏过程

试件C-S2-52-10-0.4加载至−3δ_y(cy1)级时左侧受压翼缘屈曲，形成单个半波，屈曲半波波峰距端板约80mm。该级荷载腹板屈曲，波峰位于腹板中部，距端板约80mm，与翼缘波峰一致。在+3δ_y(cy2)级时右侧受压翼缘屈曲，形成单个半波，波峰距端板约60mm，与左侧翼缘半波波峰位置有所差别。该级荷载腹板面外变形增大，半波基本呈水平，波峰位置未变，距端板约80mm。加载至−4δ_y(cy1)级时，试件底部局部屈曲变形严重，承载能力降至峰值的85%以下，试验终止（图3-29）。

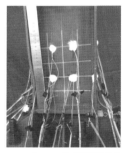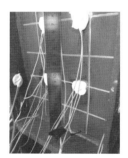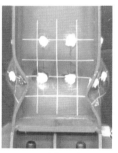

（a）−3δ_y(cy1)左侧翼缘屈曲　　（b）−3δ_y(cy1)腹板鼓曲　　（c）+3δ_y(cy2)右侧翼缘屈曲　　（d）破坏形态

图3-29　试件C-S2-52-10-0.4破坏过程

试件C-S2-54-11-0.4加载至−3δ_y(cy1)级时左侧受压翼缘屈曲，形成单个半波，屈曲半波波峰距端板约75mm。该级荷载左侧腹板屈曲，波峰位于腹板中部，距端板约65mm。在+3δ_y(cy2)级时右侧翼缘形成屈曲半波，波峰距端板约70mm，同级右侧腹板屈曲。随着加载级数增加，翼缘与腹板屈曲变形加剧，两侧翼缘屈曲方向对称，左侧翼缘屈曲范围略大于右侧，腹板屈曲波形趋近于水平。在−4δ_y(cy1)级时，试件底部局部屈曲变形严重，承载能力降至峰值的85%以下，试验终止（图3-30）。

试件C-S3-58-12-0.4加载至+3δ_y(cy1)级时右侧受压翼缘屈曲，形成单个半波，屈曲半波波峰距端板约120mm。该级荷载腹板屈曲，波峰位于腹板中部，距端板约100mm，与翼缘波峰有差别。在−3δ_y(cy1)级时左侧翼缘形成单个半波屈曲，波峰距端板约120mm，与右侧翼缘半波基本一致。该级荷载腹板半波继续发展，面外变形增大，波峰距端板约 110mm，逐渐与东、左侧翼缘波峰一致。随着荷载增加，翼缘形成扭转变形，腹板面外鼓曲变形基本沿水平方向发展，腹板鼓曲波形波峰大致对应于两侧翼缘屈曲波峰位置。加载至 $-3\delta_y$(cy3) 级时，试件底部局部屈曲变形严重，承载能力降至峰值的 85% 以下，试验终止（图 3-31）。

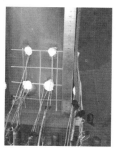

(a) $-3\delta_y$(cy1)左侧翼缘屈曲　　(b) $+3\delta_y$(cy2)右侧翼缘屈曲　　(c) $+3\delta_y$(cy2)腹板鼓曲　　(d) 破坏形态

图 3-30　试件 C-S2-54-11-0.4 破坏过程

(a) $+3\delta_y$(cy1)右侧翼缘屈曲　　(b) $+3\delta_y$(cy1)腹板鼓曲　　(c) $-3\delta_y$(cy1)左侧翼缘屈曲　　(d) 破坏形态

图 3-31　试件 C-S3-58-12-0.4 破坏过程

试件 C-S3-62-13-0.4 加载至 $+3\delta_y$(cy1)级时右侧受压翼缘屈曲，形成单个半波，屈曲半波波峰距端板约 100mm。该级荷载腹板屈曲，波峰位于腹板中部，距端板约 100mm，与翼缘波峰一致。在 $-3\delta_y$(cy1)级时左侧翼缘形成单个半波屈曲，波峰距端板约 80mm，与右侧翼缘半波有所差别。该级荷载腹板半波继续发展，面外变形增大，波峰距端板约 90mm，逐渐与东、左侧翼缘波峰位置一致。随着荷载增加，翼缘形成扭转变形，腹板面外鼓曲变形基本沿水平方向发展，腹板鼓曲波形波峰大致对应于两侧翼缘屈曲波峰位置。加载至 $-3\delta_y$(cy3)级时，试件底部局部屈曲变形严重，承载能力降至峰值的 85% 以下，试验终止（图 3-32）。

试件 C-S3-71-12-0.4 加载至 $+3\delta_y$(cy1)级时右侧受压翼缘屈曲，形成单个半波，屈曲半波波峰距端板约 100mm。该级荷载腹板屈曲，波峰位于腹板中部，距端板约 105mm，与翼缘波峰基本一致。在 $-3\delta_y$(cy1)级时左侧翼缘形成单个半波屈曲，波峰距端板约 110mm，与右侧翼缘半波一致。该级荷载腹板半波继续发展，面外变形增大，波峰位置未变化。随着荷载增加，翼缘形成扭转变形，腹板面外鼓曲变形基本沿水平方向发展，腹板鼓曲波形波峰大致对应于两侧翼缘屈曲波峰位置。加载至 $+3\delta_y$(cy3)级时，试件底部局部屈曲变形严重，承载能力降至峰值的 85％以下，试验终止（图 3-33）。

(a) $+3\delta_y$(cy1)右侧翼缘屈曲　　(b) $+3\delta_y$(cy1)腹板鼓曲　　(c) $-3\delta_y$(cy1)左侧翼缘屈曲　　(d) 破坏形态

图 3-32　试件 C-S3-62-13-0.4 破坏过程

 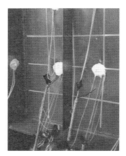  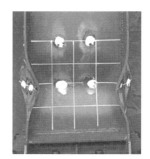

(a) $+3\delta_y$(cy1)右侧翼缘屈曲　　(b) $+3\delta_y$(cy1)腹板鼓曲　　(c) $-3\delta_y$(cy1)左侧翼缘屈曲　　(d) 破坏形态

图 3-33　试件 C-S3-71-12-0.4 破坏过程

试件 C-S4-71-14-0.4 加载至$+3\delta_y$(cy1)级时右侧受压翼缘屈曲，形成单个半波，屈曲半波波峰距端板约 90mm。该级荷载腹板屈曲，波峰位于腹板中部，距端板约 90mm，与翼缘波峰位置一致。在$-3\delta_y$(cy1)级时左侧翼缘形成单个半波屈曲，波峰距端板约 90mm，与右侧翼缘半波基本一致。该级荷载腹板半波继续发展，面外变形增大，波峰距端板约 90mm，与东、左侧翼缘波峰一致。随着荷载增加，翼缘形成扭转变形，腹板面外鼓曲变形基本沿水平方向发展，腹板鼓曲波形波峰大致对应于两侧翼缘屈曲波峰位置。加载至$-3\delta_y$(cy3)级时，试件底部局部屈曲变形严重，承载能力降至峰值的 85％以下，试验终止（图 3-34）。

 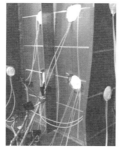 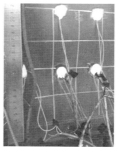 

(a) $+3\delta_y$(cy1)右侧翼缘屈曲　　(b) $+3\delta_y$(cy1)腹板鼓曲　　(c) $-3\delta_y$(cy1)左侧翼缘屈曲　　(d) 破坏形态

图 3-34　试件 C-S4-71-14-0.4 破坏过程

3.2.2　局部屈曲的发展

对于 10 个受弯试验构件与 12 个压弯试验构件,除试件 A-S1-40-6 因翼缘与支座连接处撕裂提前破坏外,其余构件在加载过程中均发生了明显的局部屈曲。总体而言,截面板件宽厚比越大的构件发生局部屈曲时经历的加载循环越少,压弯构件比受弯构件更易发生局部屈曲。但所有构件局部屈曲发展过程类似,典型的局部屈曲发展过程如图 3-35 所示,即:

(1) 局部屈曲发生前,构件无明显残余变形;

(2) 随着加载位移的增加,翼缘个别区域出现面外变形,标志着局部屈曲开始出现;

(3) 另一侧翼缘或腹板开始出现面外变形,且屈曲范围从出现部位不断向周围发展,逐渐扩展到整个截面,屈曲波形逐渐成形;

(4) 翼缘与腹板均形成完整的屈曲波形,屈曲范围基本稳定;

(5) 随着继续加载,屈曲部位几乎不再向外扩展,但局部屈曲部位非线性变形越发严重。

 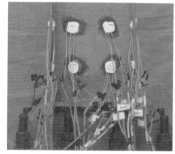 

(a) 屈曲开始发生　　　　　　　(b) 屈曲范围扩展　　　　　　　(c) 最终屈曲形态

图 3-35　典型局部屈曲发展过程

3.2.3　局部屈曲段长度

如图 3-36 所示,试验中根据翼缘变形形态,对构件的局部屈曲段长度 L_h 进行了测量。测量结果列于表 3-5,由表可见,随着截面尺寸的增加,屈曲段长度也有增大的趋势。对于受弯构件,屈曲段长度与截面宽度的比值 L_h/b 在 1.5～2.1 之间,屈曲段长度与截面高度的比值 L_h/h 在 0.6～1.0 之间。

图 3-36　局部屈曲段长度的测量

对于压弯构件,屈曲段长度与截面宽度的比值 L_h/b 在 1.3～2.0 之间,屈曲段长度与截面高度的比值 L_h/h 在 0.7～1.0 之间。

受弯构件与压弯构件屈曲段长度　　　　　　　　　　表 3-5

构件类型	试件编号	截面宽 b/mm	截面高 h/mm	屈曲段长度 L_h/mm	L_h/b	L_h/h
受弯构件	A-S1-40-6	60	140	—	—	—
	A-S1-46-7	70	160	160	2.00	1.00

续表

构件类型	试件编号	截面宽b/mm	截面高h/mm	屈曲段长度L_h/mm	L_h/b	L_h/h
受弯构件	A-S1-52-9	80	180	165	2.06	0.92
	A-S2-58-10	90	200	160	1.78	0.80
	A-S2-65-10	90	220	175	1.94	0.80
	A-S2-65-11	100	220	180	1.50	0.82
	A-S3-71-12	110	240	190	1.73	0.79
	A-S3-83-12	110	280	200	1.82	0.71
	A-S3-83-13	120	280	240	1.75	0.86
	A-S4-96-14	130	320	260	1.92	0.81
压弯构件	B-S2-43-10-0.2	90	150	140	1.56	0.93
	B-S2-43-10-0.4	90	150	135	1.50	0.90
	B-S2-43-10-0.6	90	150	145	1.50	0.90
	C-S1-46-7-0.4	70	160	140	2.00	0.88
	C-S1-46-9-0.4	80	160	150	1.81	0.94
	C-S2-49-10-0.4	90	170	145	1.61	0.85
	C-S2-52-10-0.4	95	180	170	1.68	0.94
	C-S2-54-11-0.4	100	185	160	1.60	0.86
	C-S3-58-12-0.4	115	200	180	1.57	0.90
	C-S3-62-13-0.4	120	210	175	1.46	0.83
	C-S3-71-12-0.4	110	240	185	1.68	0.77
	C-S4-71-14-0.4	130	240	190	1.35	0.73

3.3 试验结果分析

3.3.1 弯矩-位移滞回曲线

3.3.1.1 二阶效应的影响

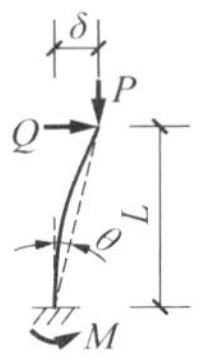

对于压弯构件，其端部弯矩如图 3-37 所示，由侧向力产生的弯矩QL和轴压力产生的弯矩$P\delta$两部分组成。当变形较大时，轴压力产生的附加弯矩不可忽略，且会使构件提前进入塑性或发生屈曲，即产生明显的二阶效应影响。考虑到本书研究加载全过程中的构件响应，同时需重点关注发生较大变形后局部屈曲的发展，

图 3-37 压弯构件二阶效应

除特别说明外，本书均采用考虑二阶效应影响的弯矩进行分析。

$$M = QL + P\delta = QL + PL\theta \tag{3-13}$$

式中，Q为构件端部侧向力；L为构件长度；P为轴压力；δ为构件端部水平位移；θ为构件弦转角。

3.3.1.2　受弯构件滞回曲线

滞回曲线可综合反映构件在反复受力过程中的变形特征、承载力与刚度退化及能量消耗等力学特性，图 3-38 所示为本书 10 个受弯构件的弯矩-位移滞回曲线，可见各构件极限弯矩均超过截面边缘屈服时对应的屈服弯矩M_y，各构件滞回曲线均呈现为"弹性-强化-退化"3 阶段的发展过程：屈服前，构件保持弹性，弯矩与位移呈线性变化；屈服后构件刚度降低，但由于截面塑性区的发展以及钢材的应力硬化，构件的承载力依然有一定程度的持续增长，直至达到峰值；随后由于裂纹的萌生或局部屈曲的出现，构件承载力开始退化，耗能能力降低，直至最终破坏。

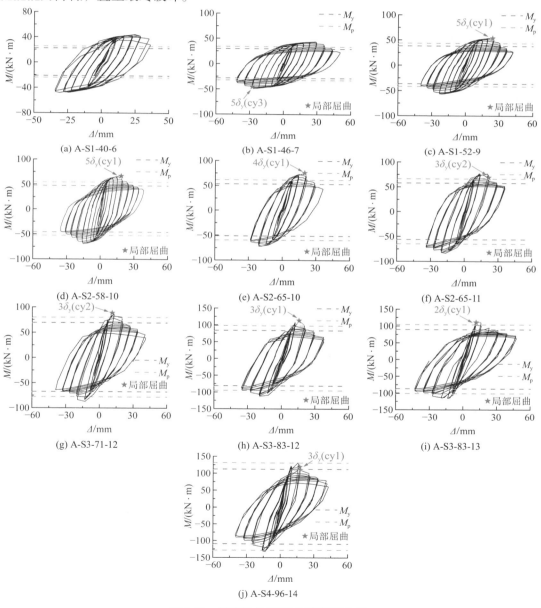

图 3-38　受弯构件弯矩-位移滞回曲线

3.3.1.3 压弯构件滞回曲线

图 3-39 为 12 个压弯构件的弯矩-位移滞回曲线，总体而言，滞回曲线的发展过程与受弯构件类似，构件达到承载力峰值与发生局部屈曲的时刻大致对应，但在承载力达到峰值前仅可经历少量的塑性变形加载循环，同时达到峰值后承载力下降速度较快。对比构件尺寸相同但轴压力不同的构件 B-S2-43-10-0.2、B-S2-43-10-0.4 和 B-S2-43-10-0.6，可见轴压力对构件的刚度退化有较为显著的影响，表现为轴压力越大，承载力峰值后下降速度越快。

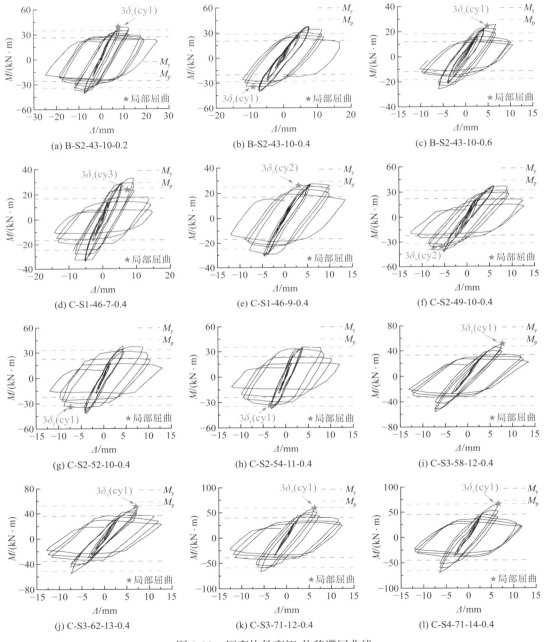

图 3-39　压弯构件弯矩-位移滞回曲线

3.3.2　受弯承载力

受弯承载力在一定程度上反映了构件截面塑性发展的能力，本书基于各试验构件的弯矩-位移滞回曲线，提取其受弯承载力 M_{max}，并与屈服承载力 M_y 和全截面塑性弯矩 M_p 作无量纲化对比，结果汇总于表 3-6。对比表中数据可见所有构件的 M_{max}/M_y 均大于 1，表明所研究构件在加载过程中均可以达到屈服；对于受弯构件，所有构件 M_{max}/M_p 大于 1，均有充分的塑性发展；对于压弯构件，大部分构件 M_{max}/M_p 大于 1，塑性发展充分，少量板件宽厚比较大的构件 M_{max}/M_p 略小于 1，同样表现出较为充分的塑性发展。总体而言，随着板件宽厚比的增加，M_{max}/M_y 与 M_{max}/M_p 均呈现出逐渐减小的趋势，说明板件宽厚比越小，即截面越厚实，构件的塑性发展程度则越高。

受弯构件和压弯构件受弯承载力

表 3-6

构件类型	构件编号	$M_y/(kN \cdot m)$	$M_p/(kN \cdot m)$	$M_{max}/(kN \cdot m)$	M_{max}/M_y	M_{max}/M_p
受弯构件	A-S1-40-6	21.8	24.7	35.5	1.63	1.44
	A-S1-46-7	29.0	33.1	43.7	1.51	1.32
	A-S1-52-9	37.3	42.7	53.5	1.43	1.25
	A-S2-58-10	46.6	53.6	66.2	1.42	1.24
	A-S2-65-10	52.4	60.6	75.1	1.43	1.24
	A-S2-65-11	57.0	65.6	76.9	1.35	1.17
	A-S3-71-12	68.4	78.9	87.7	1.28	1.11
	A-S3-83-12	82.5	96.3	112.0	1.36	1.16
	A-S3-83-13	88.4	102.7	110.2	1.25	1.07
	A-S4-96-14	110.9	129.6	131.5	1.19	1.01
压弯构件	B-S2-43-10-0.2	26.1	34.5	38.2	1.46	1.11
	B-S2-43-10-0.4	20.3	28.5	36.9	1.82	1.29
	B-S2-43-10-0.6	11.9	17.6	25.3	2.13	1.44
	C-S1-46-7-0.4	16.7	25.0	32.4	1.94	1.30
	C-S1-46-9-0.4	18.6	27.1	26.8	1.44	0.99
	C-S2-49-10-0.4	22.1	31.9	36.8	1.67	1.15
	C-S2-52-10-0.4	24.7	35.8	37.8	1.53	1.06
	C-S2-54-11-0.4	26.7	38.4	37.9	1.42	0.99
	C-S3-58-12-0.4	32.8	47.0	51.1	1.56	1.09
	C-S3-62-13-0.4	36.0	51.7	50.0	1.39	0.97
	C-S3-71-12-0.4	39.4	59.2	58.7	1.49	0.99
	C-S4-71-14-0.4	45.1	65.7	65.9	1.46	1.00

3.3.3 应变发展

本书对各试件底部两个截面的应变进行了监测。以试件 A-S2-65-11 为例,选择分别位于 A-A 截面和 B-B 截面翼缘的 S12 和 S22 处的应变,分析加载过程中构件不同截面位置翼缘应变的发展情况,并将其全过程应变发展绘于图 3-40(因量程限制,绝对值大于 0.02 的应变未能获取)。由上文图 3-18 所示试验现象可知,A-A 截面位于局部屈曲波峰位置附近,B-B 截面位于局部屈曲范围外侧。S12 处应变在加载到一定阶段后突然迅速增大,卸载后仍有明显的残余应变,与试验现象对照发现,发生突变是由于此时在 S12 所处翼缘位置出现了局部屈曲;而 S22 处翼缘在整个加载过程中仅出现了少量的塑性应变。这表明试件的塑性变形主要集中在局部屈曲区域,其余部分塑性发展程度较低。

为对试件截面上的应变分布及其发展规律做进一步研究,对应试件 A-S2-65-11 弯矩-位移骨架曲线,确定 5 个特征时间点 A、B、C、D、E,对应加载位移分别为 $0.5\delta_y$、δ_y、$2\delta_y$、$3\delta_y$ 和 $4\delta_y$,其中点 D 对应于构件开始出现局部屈曲的时刻。分别提取截面 A-A 与截面 B-B 的翼缘与腹板在特征时间点的应变,如图 3-41 所示。

从图 3-41(a)可见,截面 A-A 在 A、B、C 时刻的应变分布同样符合平截面假定,但从 D 时刻开始平截面假定不再成立,截面应变分布出现了明显的不规律性。D 时刻 S12 和 S14 所在压翼缘侧开始出现局部屈曲,S12 所处翼缘面向内凹进,压应变有明显增大;而 S14 所处翼缘面向外突出,压应变有所减小。E 时刻构件底部形成完整的屈曲波形,截面 A-A 应变分布更为杂乱,S11 和 S12 所处翼缘面均向内凹进,S11 位置翼缘由受拉变成受压,S12 位置翼缘压应变进一步增大;S13 和 S14 所处翼缘面均向外突出,S13 位置翼缘拉应变有明显增大,S14 位置翼缘由受压变成受拉。腹板位置应变发展规律与翼缘类似。

从图 3-41(b)可见,在任意时刻截面 B-B 的应变分布均符合平截面假定,应变与外弯矩近似成比例,翼缘最大应变为 2482×10^{-6},略高于翼缘屈服应变 2025×10^{-6},说明整个加载过程中截面 B-B 均基本处于弹性状态。

其余试件的截面应变分布及发展规律类似,总体上表现为局部屈曲区域外侧基本保持弹性且平截面假定成立,局部屈曲区域平截面假定不成立,应变分布较为杂乱,应变值大小受板件翘曲方向和翘曲幅度影响显著。

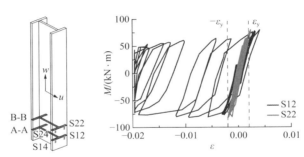

图 3-40 试件 A-S2-65-11 翼缘应变发展曲线

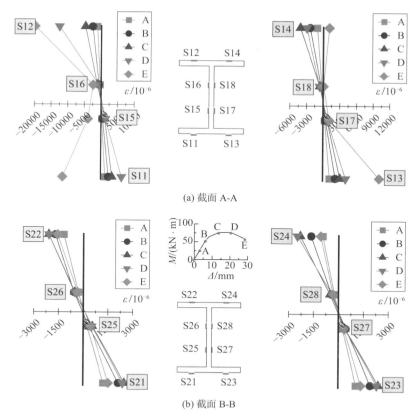

(a) 截面 A-A

(b) 截面 B-B

图 3-41   试件 A-S2-65-11 截面应变分布

3.4   构件延性定义与计算

3.4.1   延性定义

构件的延性是指构件在保持承载力不显著降低条件下的变形能力，是表征构件抗震性能的重要指标。对于结构构件，可采用弦转角 θ、曲率 φ 或应变 ε 指标对其延性进行表征。目前关于受弯、压弯构件极限状态的定义尚无统一标准，此处与 2.3.4 节定义一致，将构

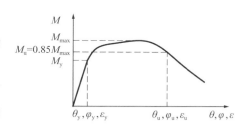

图 3-42   构件极限变形的定义

件承载力下降至峰值的 85% 作为极限状态，并取相应的变形为极限变形，如图 3-42 所示。

本书主要研究构件屈服后的塑性发展能力，引入无量纲的构件弦转角延性系数 μ_{θ}、曲率延性系数 μ_{φ} 和应变延性系数 μ_{ε}，定义如下：

$$\mu_{\theta} = \frac{\theta_{u} - \theta_{y}}{\theta_{y}} \tag{3-14}$$

$$\mu_{\varphi} = \frac{\varphi_{u} - \varphi_{y}}{\varphi_{y}} \tag{3-15}$$

$$\mu_\varepsilon = \frac{\varepsilon_u - \varepsilon_y}{\varepsilon_y} \tag{3-16}$$

$$\theta_y = \frac{\delta_y}{L} = \frac{M_y L}{3EI} + \kappa \frac{M_y}{GAL} \tag{3-17}$$

$$\varphi_y = M_y / EI \tag{3-18}$$

$$\varepsilon_y = f_y / E \tag{3-19}$$

式中，θ_y、φ_y、ε_y分别为屈服弦转角、屈服曲率和屈服应变；M_y为屈服弯矩，按式(3-5)、式(3-6)计算；E为钢材弹性模量；I为截面惯性矩；f_y为钢材屈服强度；κ为剪应力不均匀系数，可根据文献[109]计算；G为截面剪切模量；θ_u为构件极限弦转角（$\theta_u = \delta_u / L$），其中δ_u为加载端极限侧向位移；φ_u、ε_u分别为弯矩最大截面极限曲率和极限应变，具体计算方法见下文。

3.4.2 等效曲率与等效应变

3.4.2.1 等效塑性区定义

从上文试验结果可以看出，对于具有不同截面板件宽厚比和轴压比的 H 形截面受弯与压弯构件，当构件达到极限变形状态时，均会发生局部屈曲。局部屈曲部位翼缘严重翘曲、腹板鼓曲变形，曲率和应变分布复杂，难以直接测量计算，其真实应变难以反映构件的塑性发展程度。

陈以一[110]在对薄柔截面（大致对应《钢标》规定的 S3～S5 级）压弯钢构件的低周反复试验研究中，为采用曲率表征构件局部屈曲区域变形，根据构件非线性变形主要集中在局部屈曲区域范围内、其余部分则在保持弹性的条件下绕局部屈曲区域转动的变形特点，将薄柔截面构件的局部屈曲区域定义为"屈曲铰"（考虑到薄柔截面构件截面塑性发展程度较低，区分于"塑性铰"），进而根据整体变形相等的原则推导了"屈曲铰"平均曲率的计算方法[111]。

由试验现象可见，对于具有不同截面厚实度的受弯与压弯钢构件，发生局部屈曲后其变形特点具有相似性。参考"屈曲铰"定义，并考虑到各构件局部屈曲区域塑性发展程度不同，本书将局部屈曲区域统一定义为"等效塑性区"，并作如下基本假定：

（1）构件所有非线性变形均集中在等效塑性区，其余部分为弹性段，在加载过程中始终保持弹性；

（2）忽略等效塑性区范围内弯矩梯度的影响，认为等效塑性区弯矩均等于该区域最大弯矩，且等效塑性区曲率相等；

（3）构件无整体弯扭失稳。

在上述假定条件下，将"等效塑性区"的曲率均值与应变均值定义为等效曲率与等效应变，用以表征构件塑性变形。与塑性区真实无序的曲率和应变不同，等效曲率和等效应变为基于构件受力与变形特点对集中塑性变形的等效代换,可以此表征构件塑性发展程度。

构件沿长度方向的等效曲率分布如图3-43所示,其中"等效塑性区"长度等于局部屈曲段长度L_h。

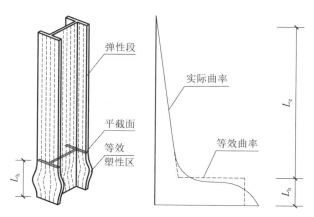

图3-43 等效塑性区范围及曲率分布

3.4.2.2 等效曲率与等效应变的计算

根据构件整体变形相等的原则,可推导等效曲率与等效应变的计算方法。

构件加载端侧向总位移δ可分解为弹性段变形δ_e、塑性区挠曲变形δ_h1和塑性区转动引起的变形δ_h2,如图3-44所示。

$$\delta = \delta_\mathrm{e} + \delta_\mathrm{h1} + \delta_\mathrm{h2} \tag{3-20}$$

塑性区挠曲变形δ_h1可根据图3-45,按下式计算:

$$\delta_\mathrm{h1} = R(1 - \cos\theta) = 2R\sin^2\frac{\theta}{2} \approx \frac{R\theta^2}{2} = \frac{L_\mathrm{h}^2}{2}\varphi \tag{3-21}$$

式中,$R = 1/\varphi$为塑性区曲率半径;θ为塑性区端部转角;L_h为塑性区长度;φ为塑性区长度范围内的平均曲率。

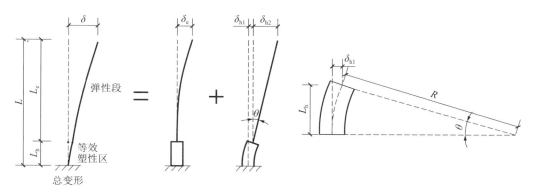

图3-44 等效塑性区模型变形分解   图3-45 δ_h1计算简图

因塑性区转角产生的弹性段变形δ_h2为:

$$\delta_{h2} = \theta L_e = \varphi L_h L_e \tag{3-22}$$

式中，L_e 为弹性段长度；L_h 为塑性区长度。

根据式(3-20)～式(3-22)，塑性区平均曲率可按下式计算：

$$\varphi = \frac{\delta - \delta_e}{(L - L_h/2)L_h} \tag{3-23}$$

式中，L 是构件总长度；δ_e 可根据弹性理论计算。

在等效塑性区曲率相等的假设条件下，可根据平截面假定求得等效塑性区的等效应变，如图 3-46 所示。截面应变由因轴压力产生的应变与弯曲产生的应变组成，截面边缘最大等效应变可按下式求得：

$$\varepsilon_{max} = \varepsilon_0 + \varepsilon_f = n\varepsilon_y + \frac{\varphi H}{2} \tag{3-24}$$

式中，ε_0 为轴压力产生的应变；ε_f 为截面弯曲产生的截面边缘应变；$n = P/f_y A$ 为轴压比；ε_y 为屈服应变；h 为截面高度。

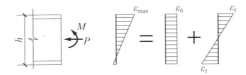

图 3-46　塑性区等效应变分解

基于式(3-24)，可得构件屈服和达到极限变形时等效应变与等效曲率的关系为：

$$\varepsilon_y = n\varepsilon_y + \frac{\varphi_y H}{2} \tag{3-25}$$

$$\varepsilon_u = n\varepsilon_y + \frac{\varphi_u H}{2} \tag{3-26}$$

结合式(3-15)和式(3-16)，可进一步获得应变延性系数与曲率延性系数的转换关系如下：

$$\mu_\varepsilon = (1 - n)\mu_\varphi \tag{3-27}$$

3.4.3　延性系数计算

3.4.3.1　计算方法

以试件 B-S2-43-10-0.2 为例，说明基于试验数据的三种延性系数的计算方法，试件的基本信息列于表 3-7。

试件 B-S2-43-10-0.2 基本信息　　　　　　　　　　表 3-7

截面尺寸/mm	构件长度L/mm	屈服强度/MPa		轴压力P/kN	惯性矩I_x/mm⁴
$H \times B \times t_w \times t_f$		翼缘 f_{yf}	腹板 f_{yw}		
$150 \times 90 \times 4 \times 5.84$	800	399	362	124	6.34×10^6

根据上述基本信息，由式(3-5)～式(3-8)及式(3-17)～式(3-19)，可求得试件 B-S2-43-10-0.2 的屈服曲率、屈服转角、屈服应变等变形屈服值，列于表 3-8。

试件 B-S2-43-10-0.2 变形屈服值　　　　　　　　　表 3-8

屈服转角 θ_y	屈服曲率 φ_y	屈服应变 ε_y
6.2×10^{-3}	1.93×10^{-5}	1.81×10^{-3}

由试验获得的试件 B-S2-43-10-0.2 弯矩-位移(加载端侧向位移)滞回曲线,绘制其弯矩-位移骨架曲线，如图 3-47 所示。

首先提取其峰值承载力 $M_{\max} = 38.2\text{kN} \cdot \text{m}$，可求得试件达到极限状态时的承载力 $M_u = 0.85M_{\max} = 32.5\text{kN} \cdot \text{m}$，进而从骨架曲线上获取此时的加载端侧向位移 $\delta_u = 15.2\text{mm}$，此时的侧向力由式(3-13)求得：

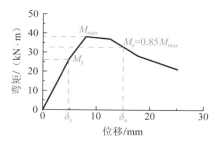

图 3-47　试件 B-S2-43-10-0.2 弯矩-位移骨架曲线

$$Q_u = (M_u - P\delta_u)/L = 38.3\text{kN}$$

极限状态时构件弦转角为：

$$\theta_u = \delta_u/L = 0.019$$

量取试件 B-S2-43-10-0.2 的等效塑性区长度 $L_h = 140\text{mm}$，可得弹性段长度 $L_e = L - L_h = 660\text{mm}$。弹性段变形根据弹性理论按下式计算：

$$\delta_e = \frac{Q_u L_e^3}{3EI} + \kappa \frac{Q_u L_e}{GA} = 3.45\text{mm}$$

极限状态时等效塑性区平均曲率可按式(3-23)计算：

$$\varphi_u = \frac{\delta_u - \delta_e}{(L - L_h/2)L_h} = 1.15 \times 10^{-4}$$

极限状态时等效塑性区截面边缘等效应变可按式(3-26)计算：

$$\varepsilon_u = n\varepsilon_y + \frac{\varphi_u H}{2} = 8.99 \times 10^{-3}$$

基于以上公式求得的试件 B-S2-43-10-0.2 极限状态对应的转角、曲率、应变，可根据式(3-14)～式(3-16)计算得到三种延性系数值：

$$\mu_\theta = \frac{\theta_u - \theta_y}{\theta_y} = 2.06$$

$$\mu_\varphi = \frac{\varphi_u - \varphi_y}{\varphi_y} = 4.96$$

$$\mu_\varepsilon = \frac{\varepsilon_u - \varepsilon_y}{\varepsilon_y} = 3.97$$

3.4.3.2 试件延性系数

采用上述方法计算得到所有试件的延性系数列于表 3-9，经对比分析可以得到以下结论：（1）除受弯构件曲率延性系数与应变延性系数数值相同外，采用不同指标表征构件延性时，数值均存在较明显差异；（2）随着构件截面板件宽厚比的增大，3 种延性系数均呈逐渐降低的趋势；（3）压弯构件延性系数总体上均小于受弯构件，反映出轴压力对构件延性的降低作用；（4）对于 B 组 3 个具有相同截面但轴压比不同的构件，其位移延性系数和曲率延性系数没有明显差异，而应变延性系数有明显的随轴压比增大而减小的规律。

试件延性系数　　　　　　　　　　　　　　表 3-9

试件编号	μ_θ	μ_φ	μ_ε	试件编号	μ_θ	μ_φ	μ_ε
A-S1-40-6	—			B-S2-43-10-0.2	2.06	4.96	3.97
A-S1-46-7	5.16	10.30	10.30	B-S2-43-10-0.4	2.09	4.69	2.99
A-S1-52-9	4.40	8.84	8.84	B-S2-43-10-0.6	2.37	4.78	1.91
A-S2-58-10	3.68	7.82	7.82	C-S1-46-7-0.4	2.19	4.54	2.73
A-S2-65-10	2.84	6.40	6.40	C-S1-46-9-0.4	2.25	5.21	3.03
A-S2-65-11	2.88	6.49	6.49	C-S2-49-10-0.4	2.09	4.59	2.75
A-S3-71-12	2.55	5.68	5.68	C-S2-52-10-0.4	2.08	4.39	2.50
A-S3-83-12	1.98	4.71	4.71	C-S2-54-11-0.4	1.66	3.57	2.21
A-S3-83-13	2.43	5.12	5.12	C-S3-58-12-0.4	1.22	2.57	1.54
A-S4-96-14	2.21	4.56	4.56	C-S3-62-13-0.4	1.27	2.97	1.78
—				C-S3-71-12-0.4	1.24	2.64	1.58
				C-S4-71-14-0.4	1.14	2.42	1.45

3.5 本章小结

本章设计了 22 个具有不同截面等级（S1～S4）与轴压比（0～0.6）的 H 形截面受弯与压弯试验构件，对其开展了绕截面强轴的低周反复循环加载试验研究。通过对试验现象以及试验构件滞回曲线、承载力、位移延性等力学特性的详细对比分析，得到以下主要结论：

（1）除受弯构件 A-S1-40-6 因翼缘与支座连接处撕裂而提前破坏之外，其余受弯与压弯构件均发生了局部屈曲。局部屈曲区域内板件翘曲变形严重，该区域外构件基本保持弹性，平截面假定成立。

（2）构件在发生局部屈曲后，承载力逐渐退化，轴压力会促使构件局部屈曲更早发生并加快承载力退化速度。

（3）构件板件宽厚比越大，截面的塑性发展程度越低。

（4）构件的非线性变形主要集中在局部屈曲区域，其余部位基本保持弹性，据此本书提出"等效塑性区"概念，并根据总位移相等原则推导了等效塑性区平均曲率（即等效曲率）和边缘最大应变（即等效应变）计算方法，以表征构件塑性变形。

第4章

H 形截面受弯与压弯钢构件
延性有限元分析研究

上一章通过对典型受弯与压弯钢构件的试验研究，提出了基于转角延性系数、曲率延性系数和应变延性系数三种指标表征构件延性的方法，并对不同参数对构件延性的影响规律，以及基于试验结果得出的不同延性系数的差异性进行了初步对比。

因试验数量有限，本章采用通用有限元分析软件进一步开展参数分析，详细研究截面翼缘宽厚比、腹板高厚比以及轴压比对构件延性的影响，并通过回归分析建立构件延性系数计算公式。

4.1 有限元参数分析

由于本书研究的受弯、压弯构件边界条件、加载制度等均类似，可将受弯构件视为特殊情况（即轴压力为 0）的压弯构件，因此下文对受弯、压弯构件采用相同的有限元模拟方法。

4.1.1 有限元模型的建立

采用分层壳单元建立有限元模型，将顶端与底端截面分别与参考点 RP1 和 RP2 耦合，通过参考点施加边界约束与荷载。其中底部采用固定约束，顶部约束平面外位移 U_v 和转动 R_w，并施加轴压力 P 和平面内水平往复位移 U_u，水平位移加载制度同第 3 章试验，模型受力与边界条件见图 4-1。为保证计算精度，经网格尺寸敏感性分析，确定网格尺寸为构件截面高度的 $1/30 \sim 1/20$。

构件在加工、运输过程中会产生不可避免的初始变形，影响其受力特性，在有限元模型中采用一致缺陷模态法考虑初始缺陷的影响。提取构件特征值屈曲分析获得的一阶屈曲模态，将其作为几何初始缺陷模态施加到模型上，局部几何缺陷峰值取截面高度的 $1/500$[77]，构件典型的一阶屈曲模态如图 4-2 所示。另外，由于残余应力对受弯、压弯钢构件的滞回性能影响可以忽略[112]，本书有限元模拟中不考虑残余应力的影响。

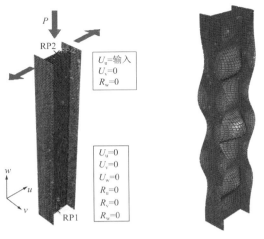

图 4-1　有限元分析模型　　图 4-2　构件一阶屈曲模态

对于承受循环荷载的钢材，其屈服面既会增长也会平移，表现出各向同性强化与随动强化共同作用的特征[113]。因此，本书有限元模拟中钢材采用混合强化模型，以准确描述钢材在往复荷载下的力学特性。其中对于与试验进行校核的构件，材料屈服强度取实测值；对于参数分析构件，选用基于工程中最为常用的 Q355 级钢材的材料参数[114]，其中各向同性强化和随动强化部分定义如下：

$$\dot{\alpha}_i = \frac{C_i}{\sigma^0}(\sigma - \alpha)\dot{\varepsilon}^{\mathrm{pl}} - \gamma_i \alpha_i \dot{\varepsilon}^{\mathrm{pl}} \tag{4-1}$$

$$\alpha = \sum_{i=1}^{k} \alpha_i \tag{4-2}$$

$$\sigma^0 = \sigma|_0 + Q_\infty \left(1 - \mathrm{e}^{-b\varepsilon^{\mathrm{pl}}}\right) \tag{4-3}$$

式中，α 为总背应力；α_i 为背应力分量；C_i 为随动硬化模量；$\varepsilon^{\mathrm{pl}}$ 为等效塑性应变；σ^0 为屈服面大小；$\sigma|_0$ 为零塑性应变时的屈服应力；Q_∞ 为屈服面的最大变化量；b 和 γ_i 为与材料性质相关的常量，具体的参数取值列于表 4-1。

混合强化模型参数取值　　　　　　表 4-1

参数	取值	参数	取值	参数	取值
$\sigma|_0$/MPa	345	C_1/MPa	7993	C_3/MPa	2854
E/MPa	200000	γ_1	175	γ_3	34
Q_∞/MPa	21	C_2/MPa	6773	C_4/MPa	1450
b	1.2	γ_2	116	γ_4	29

4.1.2　有限元分析方法验证

4.1.2.1　本书试验验证

首先基于本书试验构件试验结果对有限元分析方法进行验证。本书所有试件与有限元模型破坏形态对比见图 4-3 和图 4-4（试件 A-S1-40-6 因翼缘与底座连接处发生撕裂提前破坏，图中未列出），有限元模型与试验构件的局部屈曲部位、屈曲形态均较为吻合，说明本书有限元分析方法可以较真实地反映压弯构件的破坏形态。

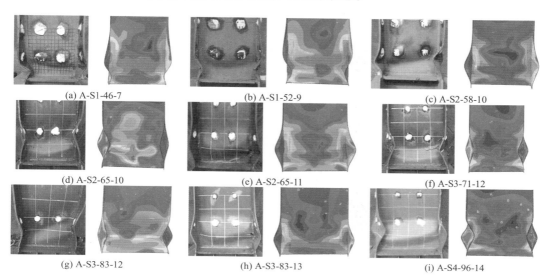

(a) A-S1-46-7	(b) A-S1-52-9	(c) A-S2-58-10
(d) A-S2-65-10	(e) A-S2-65-11	(f) A-S3-71-12
(g) A-S3-83-12	(h) A-S3-83-13	(i) A-S4-96-14

图 4-3　受弯构件试验与模拟破坏模式对比

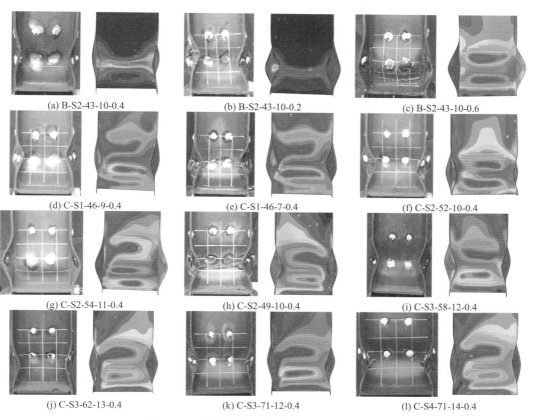

(a) B-S2-43-10-0.4	(b) B-S2-43-10-0.2	(c) B-S2-43-10-0.6
(d) C-S1-46-9-0.4	(e) C-S1-46-7-0.4	(f) C-S2-52-10-0.4
(g) C-S2-54-11-0.4	(h) C-S2-49-10-0.4	(i) C-S3-58-12-0.4
(j) C-S3-62-13-0.4	(k) C-S3-71-12-0.4	(l) C-S4-71-14-0.4

图 4-4　压弯构件试验与模拟破坏模式对比

采用如图 4-5 所示方法提取有限元分析模型的等效塑性区长度，将构件破坏时对应的翼缘坐标投影至uw平面上，然后量取翼缘翘曲段长度，即为该构件的等效塑性区长度L_h。所有试件等效塑性区长度试验值与模拟值对比结果列于表 4-2，对于大部分试件两者误差在 10% 之内，少量试件误差在 10%～15% 之间，总体上具有较好的吻合度。

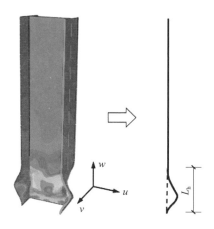

(a) 构件屈曲形态   (b) 翼缘坐标投影

图 4-5　等效塑性区长度提取

试验构件等效塑性区长度对比　　　　　　　　　　　　　表 4-2

编号	$L_{h,TEST}$/(kN·m)	$L_{h,FEM}$/(kN·m)	误差	编号	$L_{h,TEST}$/(kN·m)	$L_{h,FEM}$/(kN·m)	误差
A-S1-40-6	—	—	—	B-S2-43-10-0.2	140	136	3%
A-S1-46-7	160	150	6%	B-S2-43-10-0.4	135	144	7%
A-S1-52-9-0	165	175	6%	B-S2-43-10-0.6	145	155	7%
A-S2-58-10	160	162	1%	C-S1-46-7-0.4	140	160	14%
A-S2-65-10-0	175	171	2%	C-S1-46-9-0.4	150	160	7%
A-S2-65-11	180	170	6%	C-S2-49-10-0.4	145	168	16%
A-S3-71-12-0	190	180	5%	C-S2-52-10-0.4	170	164	4%
A-S3-83-12	200	176	12%	C-S2-54-11-0.4	160	180	13%
A-S3-83-13	240	210	13%	C-S3-58-12-0.4	180	192	7%
A-S4-96-14-0	260	240	8%	C-S3-62-13-0.4	175	192	10%
	—			C-S3-71-12-0.4	185	195	5%
				C-S4-71-14-0.4	190	210	11%

注：$L_{h,TEST}$和$L_{h,FEM}$分别为构件等效塑性区长度试验值和有限元模拟值。

试验构件受弯承载力试验值与有限元模拟值对比结果列于表 4-3，两者比值接近于 1.0，具有很好的吻合度。试验构件弯矩-位移滞回曲线对比结果见图 4-6 和图 4-7，可见有限元模型也可以准确地反映构件在低周反复荷载作用下强度的发展以及达到极限强度后刚度与强度的退化。

试验构件受弯承载力对比

表 4-3

编号	$M_{max,TEST}$ /(kN·m)	$M_{max,FEM}$ /(kN·m)	$M_{max,FEM}$/ $M_{max,TEST}$	编号	$M_{max,TEST}$ /(kN·m)	$M_{max,FEM}$ /(kN·m)	$M_{max,FEM}$/ $M_{max,TEST}$
A-S1-40-6	35.5	32.9	0.93	B-S2-43-10-0.2	38.2	40.9	1.07
A-S1-46-7	43.7	43.8	1.00	B-S2-43-10-0.4	36.9	33.0	0.89
A-S1-52-9-0	53.5	55.4	1.04	B-S2-43-10-0.6	25.3	23.8	0.94
A-S2-58-10	66.2	66.2	1.00	C-S1-46-7-0.4	32.4	28.5	0.88
A-S2-65-10-0	75.1	73.6	0.98	C-S1-46-9-0.4	26.8	28.5	1.06
A-S2-65-11	76.9	77.5	1.01	C-S2-49-10-0.4	36.8	36.0	0.98
A-S3-71-12-0	87.7	90.8	1.04	C-S2-52-10-0.4	37.8	37.0	0.98
A-S3-83-12	112.0	108.7	0.97	C-S2-54-11-0.4	37.9	39.2	1.03
A-S3-83-13	110.2	116.0	1.05	C-S3-58-12-0.4	51.1	48.4	0.95
A-S4-96-14-0	131.5	140.5	1.07	C-S3-62-13-0.4	50	53.3	1.07
—				C-S3-71-12-0.4	58.7	59.4	1.01
				C-S4-71-14-0.4	65.9	65.2	0.99

注：$M_{max,TEST}$ 和 $M_{max,FEM}$ 分别为构件受弯承载力试验值和有限元模拟值。

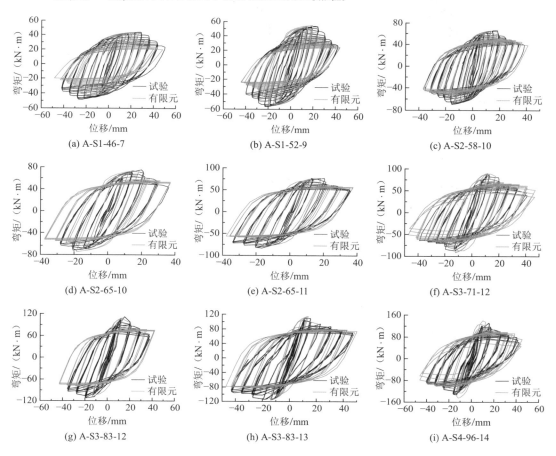

(a) A-S1-46-7　　　　(b) A-S1-52-9　　　　(c) A-S2-58-10

(d) A-S2-65-10　　　　(e) A-S2-65-11　　　　(f) A-S3-71-12

(g) A-S3-83-12　　　　(h) A-S3-83-13　　　　(i) A-S4-96-14

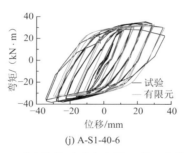

(j) A-S1-40-6

图 4-6　受弯构件试验与有限元滞回曲线对比

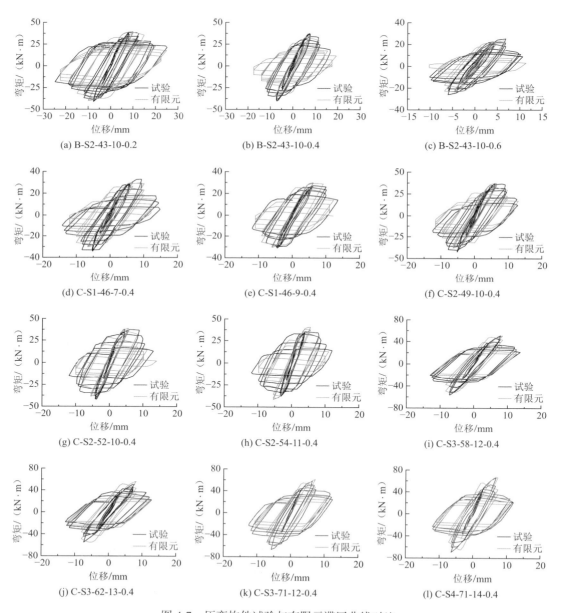

(a) B-S2-43-10-0.2　　　　(b) B-S2-43-10-0.4　　　　(c) B-S2-43-10-0.6

(d) C-S1-46-7-0.4　　　　(e) C-S1-46-9-0.4　　　　(f) C-S2-49-10-0.4

(g) C-S2-52-10-0.4　　　　(h) C-S2-54-11-0.4　　　　(i) C-S3-58-12-0.4

(j) C-S3-62-13-0.4　　　　(k) C-S3-71-12-0.4　　　　(l) C-S4-71-14-0.4

图 4-7　压弯构件试验与有限元滞回曲线对比

4.1.2.2　其他试验验证

从已有文献资料中搜集了具有代表性的 6 组国内外 H 形截面钢受弯、压弯构件低周反复试验结果，作为补充独立数据对本书有限元分析方法进行验证，主要试验参数汇总于表 4-4。

6 组构件试验与有限元模型破坏模式与荷载-位移滞回曲线结果对比见图 4-8 和图 4-9。总体而言，有限元模型可正确反映 H 形截面受弯、压弯构件在低周反复荷载作用下的局部屈曲发展、破坏模式，以及受弯承载力、极限后强度与刚度退化等非线性发展过程。

上述 22 组本书试验构件与 6 组补充文献试验构件的有限元分析对比结果，表明本书有限元分析方法准确可靠，可很好地模拟 H 形截面受弯、压弯钢构件的各项滞回特性，包括局部屈曲发生位置、屈曲形态、极限承载力以及强度与刚度的退化等。

校核试验参数　　　　　　　　　　　　　　　　　　　表 4-4

构件类型	学者	试件编号	宽厚比		轴压比
			翼缘	腹板	
受弯构件	郝际平[115]	VB1-S1	8.7	31.7	0
	Giulio Ballio[116]	VB2-S2	9.8	42.8	0
压弯构件	赵静[117]	VC1-S4	13.6	63.3	0.15
		VC2-S4	13.6	63.3	0.3
	MacRae[118]	VC3-S2	9.9	29.6	0.3
		VC4-S2	9.9	29.6	0.5

注：试件编号第一项代表构件类型与编号，如 VB1 代表 1 号受弯构件，VC1 代表 1 号压弯构件；第二项代表按《钢标》表 3.5.1 区分的构件截面等级；表中宽厚比为考虑屈服强度修正的等效翼缘宽厚比和等效腹板高厚比。

(a) VB1-S1　　　　　　　　　　　　　　　(b) VB2-S2

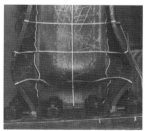

(c) VC3-S2　　　　　　　　　　　　　　　(d) VC4-S2

图 4-8　补充构件试验与有限元破坏模式对比

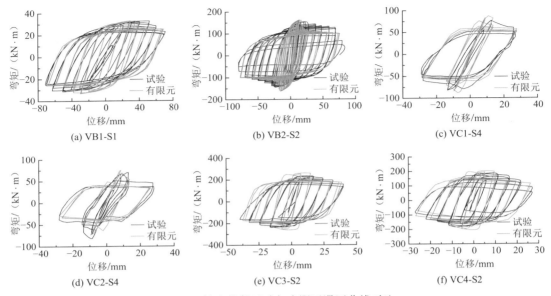

(a) VB1-S1　　　　　　(b) VB2-S2　　　　　　(c) VC1-S4

(d) VC2-S4　　　　　　(e) VC3-S2　　　　　　(f) VC4-S2

图 4-9　补充构件试验与有限元滞回曲线对比

4.1.3　参数分析设置

4.1.3.1　构件参数设置

受弯与压弯钢构件的设计通常主要涉及截面板件宽厚比、轴压比和截面高宽比等参数，本书据此共设计了 372 个参数分析构件，设计参数分布如图 4-10 所示。其中构件截面等效翼缘宽厚比η_f和等效腹板高厚比η_w范围分别为 5～15 和 30～120，对应我国《钢标》截面分类的 S1～S4 级；截面板件高宽比根据常见构件尺寸，取$h/b = \{1.0,1.5,2.0\}$；轴压比取$n = \{0,0.2,0.4,0.6\}$。

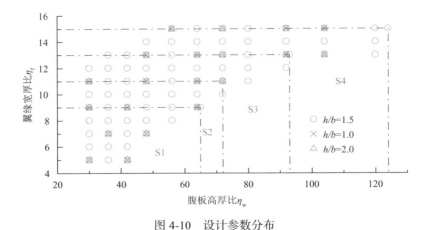

图 4-10　设计参数分布

参数分析构件中对应不同截面等级的构件数量列于表 4-5，不同截面等级的构件数量为 S1 级 116 个、S2 级 72 个、S3 级 92 个、S4 级 92 个，其中 4 种轴压比下对应于 S1～S4

级 4 类截面板件宽厚比界限值的构件数量共计 16 个。

参数分析构件数量分布　　　　　　　　　　　　表 4-5

截面等级	等效板件宽厚比界限值		数量				
	腹板	翼缘	$n = 0$	$n = 0.2$	$n = 0.4$	$n = 0.6$	总数
S1	65	9	36	22	36	22	116
S2	72	11	22	14	22	14	72
S3	93	13	27	19	27	19	92
S4	124	15	28	18	28	18	92

为便于建模，构件长度统一取 1800mm，约为普通结构高度的一半，同时固定构件截面翼缘板中心线间距 $h_0 = 300$mm，通过改变翼缘宽度实现截面高宽比的变化，通过改变翼缘与腹板厚度实现翼缘宽厚比与腹板高厚比的变化。

本书参数分析构件出现了两种破坏模式，大部分构件发生弯曲失稳破坏，构件腹板与翼缘均发生了屈曲，两者协同变形，最终破坏形态见图 4-11（a）；有 6 个构件发生剪切失稳破坏，屈曲集中在腹板位置，而翼缘尚处于弹性或仅有少量塑性发展，两者变形不协调，最终破坏形态见图 4-11（b）。剪切失稳破坏构件腹板较薄，抗剪能力不足，无法有效发挥翼缘的塑性变形能力，在抗震设计中通常采用"强剪弱弯"等措施予以避免。下文仅根据发生弯曲失稳破坏的 366 个有效构件的计算结果，开展进一步研究。

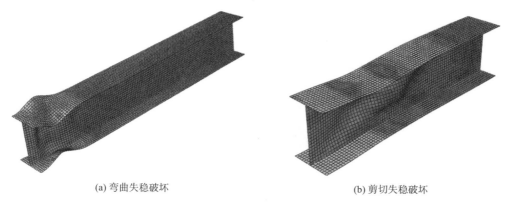

(a) 弯曲失稳破坏　　　　　　　　　　(b) 剪切失稳破坏

图 4-11　受弯、压弯构件破坏模式

有效构件具体参数信息详见附表 A-1，构件按照"FE-等效腹板高厚比-等效翼缘宽厚比-轴压比"的方式进行编号，其中 FE 代表有限元模拟构件，如"FE-30-5-0.4"即代表等效腹板高厚为 30，等效翼缘宽厚为 5，轴压比为 0.4 的有限元参数分析构件。编号中以*标记的为对应 S1～S4 级截面板件宽厚比界限值的构件。

4.1.3.2 加载制度设置

加载分两个分析步完成：第一个分析步，在构件顶部施加恒定轴向压力（受弯构件跳过此步）；第二个分析步，在构件顶部施加侧向循环位移，采用位移加载方式，加载制度与第 3 章试验相同，各级位移取试件屈服位移的倍数，即 $\pm 0.5\delta_y$、$\pm 0.75\delta_y$、$\pm\delta_y$、$\pm 2\delta_y$、$\pm 3\delta_y$、$\pm 4\delta_y$……，位移达到屈服值之前各级位移等幅循环 1 周，之后等幅循环 3 周，当构件承载力下降至峰值的 85% 以下时停止加载。

4.2 有限元模拟结果分析

从参数分析构件中选取截面等级为 S1～S4、截面尺寸相近的 4 种典型截面，将其滞回曲线绘于图 4-12。可见截面等级（截面板件宽厚比）对构件截面的塑性发展能力与滞回曲线均有较为明显的影响。对于 S1 与 S2 级截面构件，在不同的轴压比下构件受弯承载力均可超过全截面屈服弯矩 M_p，表现出很高的截面塑性发展程度；对于 S3 与 S4 级截面构件，承载力则不一定能达到 M_p，截面塑性发展程度有所降低。截面板件宽厚比越小的构件，屈服后承载力强化阶段越长，表现为构件达到峰值承载力之前可经历的加载循环次数越多，滞回曲线越饱满，耗能能力越强。

轴压比对构件滞回曲线的影响同样显著，随着轴压比增大，构件屈服后承载力强化阶段明显缩短，塑性发展能力降低，且构件达到峰值承载力后承载力与刚度退化速度均明显加快。

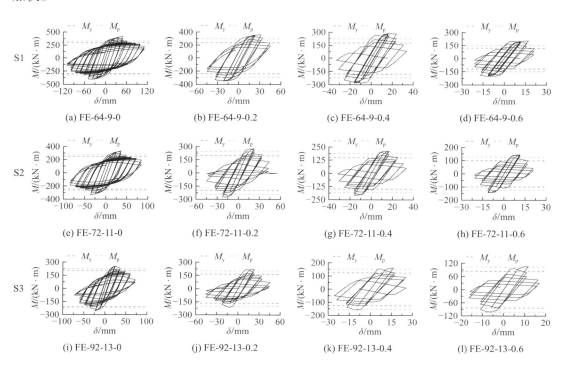

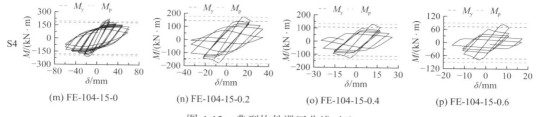

(m) FE-104-15-0　　　(n) FE-104-15-0.2　　　(o) FE-104-15-0.4　　　(p) FE-104-15-0.6

图 4-12　典型构件滞回曲线对比

注：4 种截面尺寸（mm）为：S1 级截面 313×205×5.4×13.5；S2 级截面 311×205×4.9×11.0；
　　　S3 级截面 309×204×3.8×9.3；S4 级截面 308×203×3.4×8.1

图 4-13 为 4 种截面构件在不同轴压比下的骨架曲线对比，可见随着轴压比增大，构件的承载力与变形能力均有显著降低，且承载力达到峰值后下降速度更快。随着截面板件宽厚比的增大，构件的承载力与变形能力也有明显的降低。

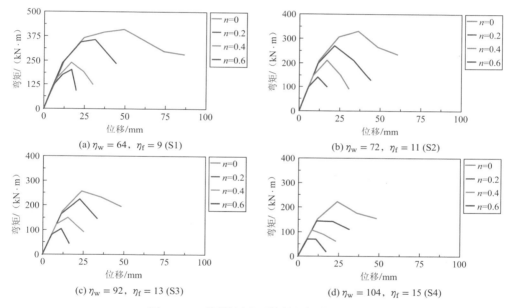

图 4-13　不同轴压比下构件骨架曲线对比

综合以上分析，可得到以下结论：

（1）随着构件截面板件宽厚比 η_f 与 η_w 的增大，构件截面塑性发展能力降低，屈服后承载力强化阶段缩短，耗能能力与变形能力均降低。

（2）随着轴压比增大，构件承载力与变形能力均显著降低，峰值后承载力下降速度加快。

4.3　构件延性影响因素分析

4.3.1　延性系数计算

基于有限元分析结果，可计算求得各参数分析构件的 3 种延性系数。以构件 FE-30-5-0.4

为例，其构件基本信息列于表 4-6。

构件 FE-30-5-0.4 基本信息   表 4-6

截面尺寸/mm	构件长度L/mm	屈服强度/MPa		轴压力P/kN	惯性矩I_x/mm⁴
$H \times B \times t_w \times t_f$		翼缘f_{yf}	腹板f_{yw}		
$324 \times 211 \times 11.1 \times 24.2$	1800	355	355	1834	2.49×10^8

根据上述基本信息，由式(3-5)～式(3-8)及式(3-17)～式(3-19)，可求得构件 FE-30-5-0.4 的屈服曲率、屈服转角、屈服应变等变形屈服值，列于表 4-7。

构件 FE-30-5-0.4 变形屈服值   表 4-7

屈服转角θ_y	屈服曲率φ_y	屈服应变ε_y
4.47×10^{-3}	6.38×10^{-6}	1.72×10^{-3}

从有限元分析结果中提取构件 FE-30-5-0.4 的弯矩-位移（加载端侧向位移）骨架曲线，如图 4-14 所示。

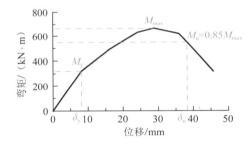

图 4-14   构件 FE-30-5-0.4 的弯矩-位移骨架曲线

首先提取其峰值承载力$M_{max} = 664 \text{kN} \cdot \text{m}$，可求得试件达到极限状态时的承载力$M_u = 0.85 M_{max} = 565 \text{kN} \cdot \text{m}$，进而从骨架曲线上获取此时的加载端侧向位移$\delta_u = 37.4 \text{mm}$，此时的侧向力由式(3-13)求得：

$$Q_u = (M_u - P\delta_u)/L = 340 \text{kN}$$

极限状态时构件弦转角为：

$$\theta_u = \delta_u/L = 0.21$$

量取构件等效塑性区长度$L_h = 360 \text{mm}$，可得弹性段长度$L_e = L - L_h = 1440 \text{mm}$。弹性段变形根据弹性理论按下式计算：

$$\delta_e = \frac{Q_u L_e^3}{3EI} + \kappa \frac{Q_u L_e}{GA} = 5.62 \text{mm}$$

极限状态时等效塑性区平均曲率可按式(3-23)计算：

$$\varphi_{\mathrm{u}} = \frac{\delta_{\mathrm{u}} - \delta_{\mathrm{e}}}{(L - L_{\mathrm{h}}/2)L_{\mathrm{h}}} = 5.19 \times 10^{-5}$$

极限状态时等效塑性区截面边缘等效应变可按(3-26)计算：

$$\varepsilon_{\mathrm{u}} = n\varepsilon_{\mathrm{y}} + \frac{\varphi_{\mathrm{u}}H}{2} = 9.10 \times 10^{-3}$$

从而可根据式(3-14)～式(3-16)计算得到三种延性系数值：

$$\mu_{\theta} = \frac{\theta_{\mathrm{u}} - \theta_{\mathrm{y}}}{\theta_{\mathrm{y}}} = 3.64$$

$$\mu_{\varphi} = \frac{\varphi_{\mathrm{u}} - \varphi_{\mathrm{y}}}{\varphi_{\mathrm{y}}} = 7.13$$

$$\mu_{\varepsilon} = \frac{\varepsilon_{\mathrm{u}} - \varepsilon_{\mathrm{y}}}{\varepsilon_{\mathrm{y}}} = 4.29$$

采用类似方法，可计算得到所有参数分析构件的 3 种延性系数值，汇总表见附录 A。

4.3.2　轴压比的影响

基于上述计算结果，进一步分析不同因素对构件延性的影响。参数分析结果表明轴压比对不同截面构件延性的影响基本一致，为便于描述，仍以上述 4 种典型截面构件进行分析。图 4-15 为 4 种截面构件的弦转角延性系数μ_{θ}、曲率延性系数μ_{φ}和应变延性系数μ_{ε}随轴压比的变化曲线。当轴压比从 0 增加至 0.2 时，三种延性系数变化规律类似，均有较为明显的降低；当轴压比进一步增大时，弦转角延性系数与曲率延性系数无明显变化规律，而应变延性系数则持续降低。Mitani[119]和 MacRae[118]在对压弯构件的试验研究中发现，当轴压比在 0.3～0.6 之间时，极限位移与屈服位移的比值与轴压比之间无明确规律，与本书研究结果具有相似之处。这是由于虽然随着轴压比n增加，构件的极限弦转角θ_{u}与极限曲率θ_{φ}不断降低，但其屈服弦转角θ_{y}和屈服曲率φ_{y}也同时在减小。而由于构件的屈服应变为仅与材料属性相关的常数，因此随着轴压比增加，应变延性系数呈现一致的下降规律，可直接反映构件延性随轴压比增大而降低的真实趋势。

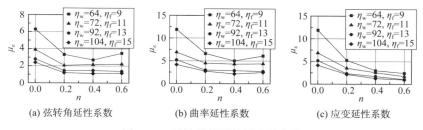

图 4-15　延性系数随轴压比的变化

根据本书试验研究与有限元模拟结果，压弯钢构件的变形能力随轴压比增大而降低，但上述分析结果表明，弦转角延性系数或曲率延性系数并不能表现该趋势；而应变延性系数可直接一致反映轴压比对构件延性的降低作用，故本书基于此表征压弯钢构件的塑性变形能力。

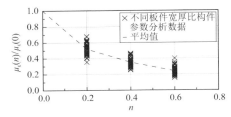

图 4-16　应变延性系数随轴压比的变化

为进一步分析轴压比对构件应变延性系数的影响规律，定义轴压比为n时压弯钢构件应变延性系数为$\mu_\varepsilon(n)$，并采用$\mu_\varepsilon(n)/\mu_\varepsilon(0)$进行归一化以直观反映不同轴压比下构件应变延性系数的降低程度，结果如图 4-16 所示。可见对于具有不同板件宽厚比的构件，$\mu_\varepsilon(n)/\mu_\varepsilon(0)$的分布较为集中，呈现出较为一致的规律，这表明不同轴压比下构件应变延性系数的变化规律不受截面板件宽厚比的影响。平均值统计结果表明，相比于无轴压比构件，轴压比为 0.2、0.4 和 0.6 时应变延性系数分别下降约 48％、65％和 76％。

4.3.3　截面板件宽厚比的影响

图 4-17 展示了板件宽厚比对构件应变延性系数的影响，不同轴压比条件下构件应变延性系数随板件宽厚比的变化规律总体上类似。当腹板高厚比相同时，随着翼缘宽厚比的增加，应变延性系数呈现不断减小的趋势，反之亦然，表明翼缘与腹板之间存在较为明显的相互作用，翼缘宽厚比与腹板高厚比对构件应变延性系数的影响相互耦合。另外，随着翼缘宽厚比或腹板高厚比的增大，构件应变延性系数降低速度逐渐减慢。

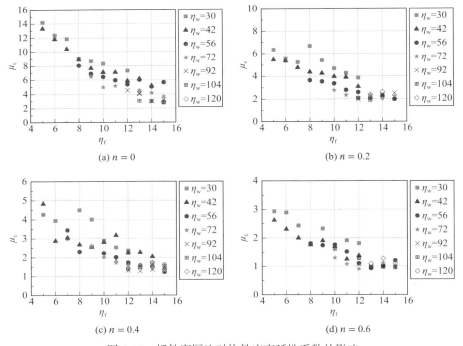

图 4-17　板件宽厚比对构件应变延性系数的影响

4.4　基于应变的延性系数计算公式

上述分析表明，截面翼缘宽厚比、腹板高厚比和轴压比均是影响压弯钢构件应变延性系数的重要因素，其中轴压比的影响与截面板件宽厚比相对独立，截面翼缘宽厚比、腹板高厚比的影响相互耦合，且均与应变延性系数成反相关关系。据此构造压弯钢构件应变延性系数计算式如下：

$$\mu_\varepsilon = \frac{a}{\eta_\mathrm{f}^b \eta_\mathrm{w}^c}(1 + kn)^m \tag{4-4}$$

式中，a、b、c、k和m均为待定常数。

通过对本书有限元参数分析结果数据进行回归分析，可确定常数a、b、c、k和m的值，得应变延性系数回归公式如下：

$$\mu_\varepsilon = \frac{298}{\eta_\mathrm{f}^{0.74} \eta_\mathrm{w}^{0.53}(1 + 3.8n)^{1.2}} \tag{4-5}$$

图 4-18 与表 4-8 为回归公式结果与模拟值的对比及统计分析结果，其中 FEM 代表根据有限元模拟结果求得的换算值，CAL 代表公式计算值。可见在不同的轴压比条件下，计算式与模拟值均具有很高的吻合度。

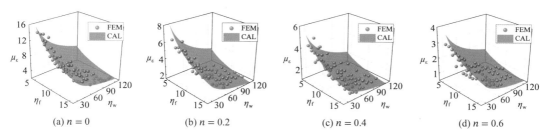

图 4-18　应变延性系数μ_ε计算值与模拟值对比

应变延性系数 μ_ε 计算值与模拟值统计结果　　　　表 4-8

轴压比	min(CAL/FEM)	max(CAL/FEM)	mean(Cal/FEM)	R^2
$n = 0$	0.74	1.27	1.02	0.94
$n = 0.2$	0.90	1.26	1.00	0.90
$n = 0.4$	0.73	1.30	1.03	0.82
$n = 0.6$	0.75	1.40	1.05	0.83

本书试验构件试验值与根据回归公式得到的计算值对比结果见表 4-9。可见大部分试件计算值与试验值误差在 10% 之内，少量试件误差达到 15%。考虑到等效塑性区长度L_h的准确测量存在一定困难[120]，应变延性系数值的计算涉及包括L_h在内的多项中间参数，试验测量与计算过程中的误差存在逐渐累积的可能，因此总体上可认为试验值与计算值具有较

高的吻合度，采用式(4-5)可合理地预测 H 形截面压弯构件在对称循环往复荷载下的基于应变的变形能力。

应变延性系数试验值与计算值对比

表 4-9

试件编号	试验值	计算值	误差	试件编号	试验值	计算值	误差
A-S1-40-6	—	—	—	B-S2-43-10-0.2	3.97	3.87	2%
A-S1-46-7	10.30	8.94	13%	B-S2-43-10-0.4	2.99	2.69	10%
A-S1-52-9	8.84	7.53	15%	B-S2-43-10-0.6	1.91	1.83	4%
A-S2-58-10	7.82	6.47	17%	C-S1-46-7-0.4	2.73	2.95	8%
A-S2-65-10	6.40	6.14	4%	C-S1-46-9-0.4	3.03	2.66	12%
A-S2-65-11	6.49	5.66	13%	C-S2-49-10-0.4	2.75	2.34	15%
A-S3-71-12	5.68	5.01	12%	C-S2-52-10-0.4	2.50	2.17	13%
A-S3-83-12	4.71	4.60	2%	C-S2-54-11-0.4	2.21	2.06	7%
A-S3-83-13	5.12	4.30	16%	C-S3-58-12-0.4	1.54	1.77	15%
A-S4-96-14	4.56	3.76	18%	C-S3-62-13-0.4	1.78	1.67	6%
				C-S3-71-12-0.4	1.58	1.65	4%
—				C-S4-71-14-0.4	1.45	1.45	0%
平均值	—		12%	平均值	—		8%

4.5　本章小结

本章通过 366 个有限元模型的参数化分析，系统研究了对称循环加载条件下不同参数对 H 形截面受弯与压弯钢构件滞回性能的影响，得到以下主要结论：

（1）翼缘宽厚比与腹板高厚比的增大会缩短构件屈服后的承载力强化阶段，削弱构件截面塑性发展能力，降低滞回曲线的饱满程度。轴压力会降低构件截面塑性发展能力，加快构件达到承载力峰值后的强度与刚度退化速度。

（2）翼缘宽厚比、腹板高厚比与轴压比越大，构件变形能力越小，且翼缘宽厚比与腹板高厚比相互影响，存在耦合作用。

（3）当轴压比增加时，弦转角延性系数 μ_θ 和曲率延性系数 μ_φ 的变化规律不明显，难以体现构件变形能力的下降；应变延性系数 μ_ε 可直观反映构件延性随轴压比增大而降低的真实趋势，更适合作为评价构件延性的指标。

（4）通过回归分析建立了应变延性系数 μ_ε 的计算公式，并与试验分析结果对比验证了该公式的准确性。

第5章

受弯与压弯钢构件变形性能 评价准则研究与应用

上文通过对受弯与压弯钢构件在低周反复荷载作用下的力学性能研究，提出了采用等效应变表征构件塑性变形的方法，并基于有限元参数分析结果，得出了应变延性系数的计算公式，为基于应变评价构件延性提供了技术基础。

为进一步满足抗震性能化设计的工程应用需求，对构件的"变形控制"效应建立性能评价准则，本章在上述研究成果基础上，考虑地震作用特点，分析不同加载制度对构件延性的影响；同时结合我国钢构件截面分类，确定受弯和压弯钢构件对应于不同性能水准等级的变形限值；进而建立基于应变的钢构件变形性能评价准则。同时，对比分析了构件变形性能评价准则在不同杆系分析模型中的应用特点，最后通过一个钢框架案例，论述本书基于应变的构件变形性能评价准则的应用方法。

5.1 地震作用下受弯与压弯构件延性分析

真实地震作用通常具有较高的随机性，结构构件在不同地震下的力学表现存在差异。Gioncu 于 1997 年指出，地震作用下结构会承受数百次的荷载循环，但仅有小部分循环会引起大的塑性变形，对于持续时间较短的地震，产生较大塑性变形的循环甚至低于 5 次；而对于持续时间长的地震，产生塑性变形的循环次数也通常低于 20 次[120]。

本书第 3 章、第 4 章分别开展的试验研究与有限元模拟中，构件经历了比普通地震更为不利的加载条件，导致其损伤发展更为严重，因此如基于循环加载条件下的研究结果评价地震作用下钢构件的变形能力将偏于保守[8-9]。为此，本节在以上研究基础上，进一步研究不同加载制度对构件延性的影响，提出地震作用下构件对应于我国钢构件截面分类的极限应变取值建议。

5.1.1 典型构件设计参数

第 4 章研究表明，影响受弯、压弯构件应变延性系数的主要因素包括板件宽厚比（包括截面翼缘宽厚比与腹板高厚比）和轴压比，且随着板件宽厚比和轴压比的增大，构件应变延性系数呈现出较为一致的下降趋势。

从 4.2.3 节参数分析构件中,选取 16 个截面翼缘宽厚比、腹板高厚比对应《钢标》S1～S4 级截面界限值的典型构件,进一步分析不同加载制度对构件延性的影响,典型构件设计参数列于表 5-1,构件轴压比取 $n = \{0, 0.2, 0.4, 0.6\}$。

构件设计参数 表 5-1

编号	截面尺寸/mm				η_w/ε_k	η_f/ε_k	截面等级	n	L/mm	f_y/MPa	E/MPa
	h	b	t_w	t_f							
FE-65-9-0*	313.5	205.34	5.34	13.5	65	9	S1	0	1800	345	200000
FE-65-9-0.2*	313.5	205.34	5.34	13.5	65	9	S1	0.2	1800	345	200000
FE-65-9-0.4*	313.5	205.34	5.34	13.5	65	9	S1	0.4	1800	345	200000
FE-65-9-0.6*	313.5	205.34	5.34	13.5	65	9	S1	0.6	1800	345	200000
FE-72-11-0*	311	204.86	4.86	11.0	72	11	S2	0	1800	345	200000
FE-72-11-0.2*	311	204.86	4.86	11.0	72	11	S2	0.2	1800	345	200000
FE-72-11-0.4*	311	204.86	4.86	11.0	72	11	S2	0.4	1800	345	200000
FE-72-11-0.6*	311	204.86	4.86	11.0	72	11	S2	0.6	1800	345	200000
FE-93-13-0*	309.3	203.79	3.79	9.3	93	13	S3	0	1800	345	200000
FE-93-13-0.2*	309.3	203.79	3.79	9.3	93	13	S3	0.2	1800	345	200000
FE-93-13-0.4*	309.3	203.79	3.79	9.3	93	13	S3	0.4	1800	345	200000
FE-93-13-0.6*	309.3	203.79	3.79	9.3	93	13	S3	0.6	1800	345	200000
FE-124-15-0*	308.1	202.85	2.85	8.1	124	15	S4	0	1800	345	200000
FE-124-15-0.2*	308.1	202.85	2.85	8.1	124	15	S4	0.2	1800	345	200000
FE-124-15-0.4*	308.1	202.85	2.85	8.1	124	15	S4	0.4	1800	345	200000
FE-124-15-0.6*	308.1	202.85	2.85	8.1	124	15	S4	0.6	1800	345	200000

5.1.2 加载制度对构件延性的影响分析

Elkady[121]根据 274 条实测地震波,基于参数研究结果的统计分析,提出了一种用于模拟钢柱在临近倒塌前位移状态的加载制度,即倒塌一致性加载制度(Collapse-consistent loading protocol,简称为 CPS 加载制度)。该加载制度的典型特征为在数个弹塑性加载循环之间插入显著的单向推覆位移,对于反映罕遇地震下钢柱动力响应具有一定的代表性[122],图 5-1(a)即为一种典型的倒塌一致性加载制度。而对称循环加载制度(Sysmetrically cyclic loading protocol,简称为 SYM 加载制度)为欧洲钢结构协会 ECCS 建议的用于研究结构与构件抗震性能的加载制度,如图 5-1(b)所示。为分析不同加载制度对构件延性的影响,分别选用如图 5-1 所示的倒塌一致性加载制度与对称循环加载制度,采用有限元模拟方法对上述构件的延性进行分析对比。

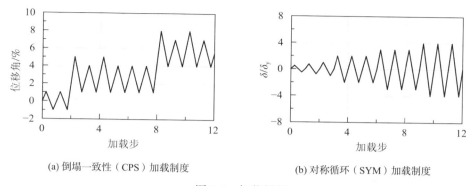

(a) 倒塌一致性（CPS）加载制度　　　　　　(b) 对称循环（SYM）加载制度

图 5-1　加载制度

两种加载制度下构件的弯矩-位移滞回曲线与骨架曲线对比如图 5-2 和图 5-3 所示。从图中可以看出，两种加载制度下构件的峰值承载力及相应的峰值位移基本一致，在达到峰值荷载前骨架曲线基本重合。但 CPS 加载制度下，构件达到峰值弯矩后的承载力退化速率显著小于 SYM 加载制度，随着构件截面板件宽厚比的增大，两者差异逐渐减小。

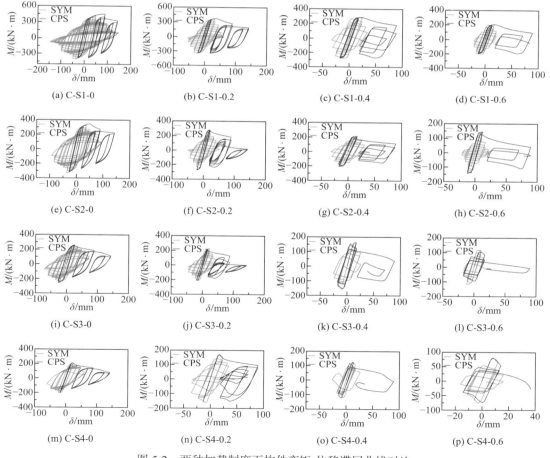

图 5-2　两种加载制度下构件弯矩-位移滞回曲线对比

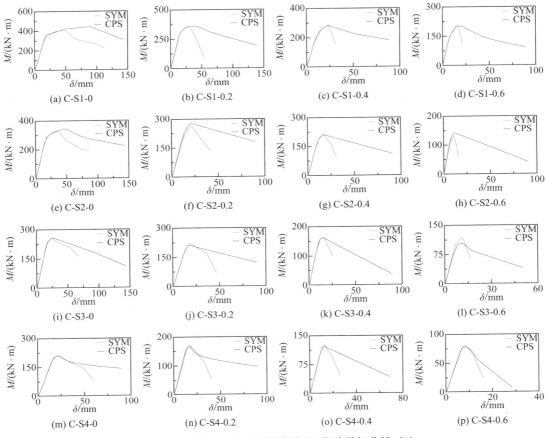

图 5-3　两种加载制度下构件弯矩-位移骨架曲线对比

　　基于分析结果，可进一步如表 5-2 所示求得两种加载制度下各构件对应的极限应变（计算方法同第 4 章）。结果表明，加载制度对构件极限应变主要有以下影响：（1）CPS 加载制度下的构件极限应变均大于 SYM 加载制度；（2）对于截面较为厚实（截面等级为 S1 与 S2）的构件，在 CPS 加载制度下的极限应变明显高于 SYM 加载制度，而对于截面较为薄柔（截面等级为 S3 与 S4）的构件，两者差异不明显。

不同加载制度构件极限应变对比　　　　　　　　　　　　　　　　　表 5-2

编号	ε_u（CPS）	ε_u（SYM）	ε_u（CPS）/ε_u（SYM）
C-S1-0	$17.2\varepsilon_y$	$7.2\varepsilon_y$	2.39
C-S1-0.2	$10.3\varepsilon_y$	$4.1\varepsilon_y$	2.51
C-S1-0.4	$7.0\varepsilon_y$	$3.0\varepsilon_y$	2.33
C-S1-0.6	$5.9\varepsilon_y$	$2.4\varepsilon_y$	2.46
C-S2-0	$10.0\varepsilon_y$	$6.2\varepsilon_y$	1.61
C-S2-0.2	$4.7\varepsilon_y$	$3.6\varepsilon_y$	1.31
C-S2-0.4	$4.4\varepsilon_y$	$2.6\varepsilon_y$	1.69

编号	ε_u（CPS）	ε_u（SYM）	ε_u（CPS）/ε_u（SYM）
C-S2-0.6	$4.0\varepsilon_y$	$2.2\varepsilon_y$	1.82
C-S3-0	$5.4\varepsilon_y$	$4.9\varepsilon_y$	1.10
C-S3-0.2	$3.1\varepsilon_y$	$3.0\varepsilon_y$	1.03
C-S3-0.4	$2.2\varepsilon_y$	$2.2\varepsilon_y$	1.00
C-S3-0.6	$2.0\varepsilon_y$	$1.9\varepsilon_y$	1.05
C-S4-0	$4.3\varepsilon_y$	$4.2\varepsilon_y$	1.02
C-S4-0.2	$2.8\varepsilon_y$	$2.6\varepsilon_y$	1.08
C-S4-0.4	$2.1\varepsilon_y$	$2.1\varepsilon_y$	1.00
C-S4-0.6	$2.0\varepsilon_y$	$1.8\varepsilon_y$	1.11

5.1.3　地震作用下构件极限应变取值建议

综合倒塌一致性加载和对称循环加载两种制度下的构件延性表现差异，本书提出如表 5-3 所示地震作用下钢构件极限应变值建议取值，其与两种加载制度下构件的极限应变对比见图 5-4，建议取值确定原则如下：

（1）对称循环加载制度通常比地震作用更为不利，而本书选用的倒塌一致性加载制度可视作一条典型地震波的位移时程，因此地震作用下构件的极限应变取值可参考上述两种加载制度的计算结果综合确定。

（2）将构件按截面等级与轴压比进行分级，其中截面等级根据《钢标》规定分为 S1～S4 级，轴压比根据大小分为无轴压比（$n=0$）、小轴压比（$0<n\leqslant0.2$）、中轴压比（$0.2<n\leqslant0.4$）和大轴压比（$0.4<n\leqslant0.6$）。

（3）对各细分等级构件，取该级构件界限宽厚比和界限轴压比对应的极限应变以偏安全考虑。其中由于 S1 与 S2 级截面构件在 CPS 加载制度下的极限应变明显高于 SYM 加载制度，地震作用下极限应变取值可适当放大以充分发挥其塑性变形能力；而 S3 与 S4 级截面构件在两种加载制度下极限应变差异较小，且塑性变形能力有限，取值时偏安全考虑。

地震作用下钢构件极限应变建议取值　　表 5-3

轴压比	截面等级			
	S1	S2	S3	S4
$n=0$	$15\varepsilon_y$	$8\varepsilon_y$	$5\varepsilon_y$	$4\varepsilon_y$
$0<n\leqslant0.2$	$9\varepsilon_y$	$5\varepsilon_y$	$3\varepsilon_y$	$2.5\varepsilon_y$
$0.2<n\leqslant0.4$	$7\varepsilon_y$	$4\varepsilon_y$	$2.5\varepsilon_y$	$2\varepsilon_y$
$0.4<n\leqslant0.6$	$5\varepsilon_y$	$3\varepsilon_y$	$2\varepsilon_y$	$1.8\varepsilon_y$

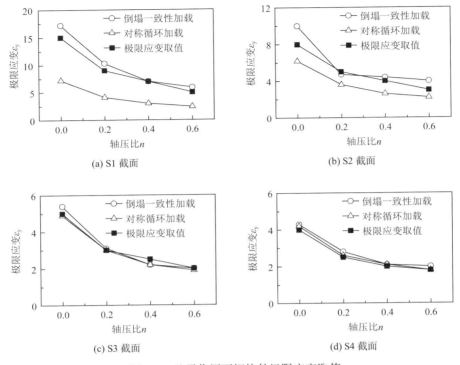

(a) S1 截面

(b) S2 截面

(c) S3 截面

(d) S4 截面

图 5-4　地震作用下钢构件极限应变取值

5.2　构件变形性能评价准则的建立

5.2.1　H 形截面受弯与压弯钢构件的性能评价准则

在进行钢结构抗震性能化设计时，为准确评价钢构件的性能状态，还需确定构件不同性能水准等级对应的变形限值。根据本书 2.3 节"变形控制"效应下构件性能水准等级的划分原则，可建立构件荷载-应变骨架曲线与性能水准等级的对应关系，如图 5-5 所示。

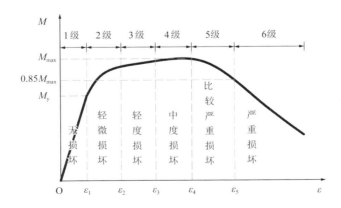

图 5-5　受弯、压弯构件荷载-应变骨架曲线与性能水准等级对应关系

基于上文 H 形截面构件极限应变研究成果，并根据截面等级与轴压比对构件进行分级，建立如表 5-4 所示基于应变的 H 形截面受弯与压弯钢构件变形性能评价准则，其主要原则为：

（1）构件"无损坏"状态的界限为构件达到屈服，相应的应变限值 $\varepsilon_1 = \varepsilon_y$；"比较严重损坏"状态的界限为构件达到本书定义的极限状态，相应的应变限值 ε_5 按表 5-3 取值。

（2）"轻微损坏""轻度损坏""中度损坏"状态难以有明确的界定，为便于应用，将这三种状态的应变限值近似按 ε_1 和 ε_5 的四等分点取值。

H 形截面受弯与压弯钢构件基于应变的评价准则　　表 5-4

截面板件宽厚比等级	轴压比 n	应变限值					
		无损坏 $\leqslant \varepsilon_1$	轻微损坏 $\leqslant \varepsilon_2$	轻度损坏 $\leqslant \varepsilon_3$	中度损坏 $\leqslant \varepsilon_4$	比较严重损坏 $\leqslant \varepsilon_5$	严重损坏 $> \varepsilon_5$
S1	$n = 0$	$\leqslant \varepsilon_y$	$\leqslant 4.5\varepsilon_y$	$\leqslant 8\varepsilon_y$	$\leqslant 12\varepsilon_y$	$\leqslant 15\varepsilon_y$	$> 15\varepsilon_y$
	$0 < n \leqslant 0.2$	$\leqslant \varepsilon_y$	$\leqslant 3\varepsilon_y$	$\leqslant 5\varepsilon_y$	$\leqslant 7\varepsilon_y$	$\leqslant 9\varepsilon_y$	$> 9\varepsilon_y$
	$0.2 < n \leqslant 0.4$	$\leqslant \varepsilon_y$	$\leqslant 2.5\varepsilon_y$	$\leqslant 4\varepsilon_y$	$\leqslant 5.5\varepsilon_y$	$\leqslant 7\varepsilon_y$	$> 7\varepsilon_y$
	$0.4 < n \leqslant 0.6$	$\leqslant \varepsilon_y$	$\leqslant 2\varepsilon_y$	$\leqslant 3\varepsilon_y$	$\leqslant 4\varepsilon_y$	$\leqslant 5\varepsilon_y$	$> 5\varepsilon_y$
S2	$n = 0$	$\leqslant \varepsilon_y$	$\leqslant 2.5\varepsilon_y$	$\leqslant 4\varepsilon_y$	$\leqslant 6\varepsilon_y$	$\leqslant 8\varepsilon_y$	$> 8\varepsilon_y$
	$0 < n \leqslant 0.2$	$\leqslant \varepsilon_y$	$\leqslant 2\varepsilon_y$	$\leqslant 3\varepsilon_y$	$\leqslant 4\varepsilon_y$	$\leqslant 5\varepsilon_y$	$> 5\varepsilon_y$
	$0.2 < n \leqslant 0.4$	$\leqslant \varepsilon_y$	$\leqslant 1.75\varepsilon_y$	$\leqslant 2.5\varepsilon_y$	$\leqslant 3.25\varepsilon_y$	$\leqslant 4\varepsilon_y$	$> 4\varepsilon_y$
	$0.4 < n \leqslant 0.6$	$\leqslant \varepsilon_y$	$\leqslant 1.5\varepsilon_y$	$\leqslant 2\varepsilon_y$	$\leqslant 2.5\varepsilon_y$	$\leqslant 3\varepsilon_y$	$> 3\varepsilon_y$
S3	$n = 0$	$\leqslant \varepsilon_y$	$\leqslant 2\varepsilon_y$	$\leqslant 3\varepsilon_y$	$\leqslant 4\varepsilon_y$	$\leqslant 5\varepsilon_y$	$> 5\varepsilon_y$
	$0 < n \leqslant 0.2$	$\leqslant \varepsilon_y$	$\leqslant 1.5\varepsilon_y$	$\leqslant 2\varepsilon_y$	$\leqslant 2.5\varepsilon_y$	$\leqslant 3\varepsilon_y$	$> 3\varepsilon_y$
	$0.2 < n \leqslant 0.4$	$\leqslant \varepsilon_y$	$\leqslant 1.4\varepsilon_y$	$\leqslant 1.75\varepsilon_y$	$\leqslant 2.2\varepsilon_y$	$\leqslant 2.5\varepsilon_y$	$> 2.5\varepsilon_y$
	$0.4 < n \leqslant 0.6$	$\leqslant \varepsilon_y$	$\leqslant 1.25\varepsilon_y$	$\leqslant 1.5\varepsilon_y$	$\leqslant 1.75\varepsilon_y$	$\leqslant 2\varepsilon_y$	$> 2\varepsilon_y$
S4	$n = 0$	$\leqslant \varepsilon_y$	$\leqslant 1.5\varepsilon_y$	$\leqslant 2\varepsilon_y$	$\leqslant 3\varepsilon_y$	$\leqslant 4\varepsilon_y$	$> 4\varepsilon_y$
	$0 < n \leqslant 0.2$	$\leqslant \varepsilon_y$	$\leqslant 1.4\varepsilon_y$	$\leqslant 1.75\varepsilon_y$	$\leqslant 2.2\varepsilon_y$	$\leqslant 2.5\varepsilon_y$	$> 2.5\varepsilon_y$
	$0.2 < n \leqslant 0.4$	$\leqslant \varepsilon_y$	$\leqslant 1.25\varepsilon_y$	$\leqslant 1.5\varepsilon_y$	$\leqslant 1.75\varepsilon_y$	$\leqslant 2\varepsilon_y$	$> 2\varepsilon_y$
	$0.4 < n \leqslant 0.6$	$\leqslant \varepsilon_y$	$\leqslant 1.2\varepsilon_y$	$\leqslant 1.4\varepsilon_y$	$\leqslant 1.6\varepsilon_y$	$\leqslant 1.8\varepsilon_y$	$> 1.8\varepsilon_y$

注：1. 截面板件宽厚比等级划分参考《钢标》中 H 形截面受弯钢构件确定。
　　2. ε_y 为钢材屈服应变。
　　3. 该评价准则已纳入《性能化设计标准》中。

5.2.2　箱形截面受弯与压弯钢构件的性能评价准则

《钢标》中基于截面承载力与塑性转动变形能力将截面划分为 S1～S5 五个等级，认为具有相同截面等级的不同截面形式具有相近的延性能力，即在工程应用中可采用相似的性能评价准则。箱形截面是工程中除 H 形截面外另一种常用的截面形式，为研究其应用上文

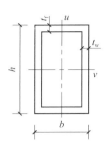

图 5-6　箱形截面尺寸参数定义

H 形截面构件性能评价准则的可靠性，本节参考上文有限元分析方法，对箱形截面构件延性展开研究。

5.2.2.1　构件设计

设计 16 个典型箱形截面构件，箱形截面尺寸参数定义如图 5-6 所示，主要包括：截面高度 h，截面宽度 b，腹板厚度 t_w，翼缘厚度 t_f。

典型箱形截面构件设计参数列于表 5-5，其中对于受弯构件，截面腹板高厚比和翼缘宽厚比均取《钢标》中 S1～S4 级截面对应的界限板件宽厚比；对于压弯构件，考虑到实际应用中箱形截面柱通常设计为承受双向弯矩，因此其截面腹板高厚比和翼缘宽厚比取为相同。所有构件翼缘与腹板按等壁厚设计，轴压比取 0、0.2、0.4 和 0.6 四种。

典型箱形截面构件设计参数　　　　　　　　　　　　　　表 5-5

构件类型	编号	截面尺寸/mm				η_w/ε_k	η_f/ε_k	截面等级	n	L/mm	f_y/MPa	E/MPa
		h	b	t_w	t_f							
受弯构件	TB-S1-0	311.2	126.6	5.6	5.6	65	25	S1	0	1800	355	200000
	TB-S2-0	310.1	143.4	5.1	5.1	72	32	S2	0	1800	355	200000
	TB-S3-0	307.8	127.2	3.9	3.9	93	37	S3	0	1800	355	200000
	TB-S4-0	305.9	107.5	2.9	2.9	124	42	S4	0	1800	355	200000
压弯构件	TB-S1-0.2	329.1	329.1	14.5	14.5	25	25	S1	0.2	1800	355	200000
	TB-S2-0.2	322.7	322.7	11.4	11.4	32	32	S2	0.2	1800	355	200000
	TB-S3-0.2	319.6	319.6	9.8	9.8	37	37	S3	0.2	1800	355	200000
	TB-S4-0.2	317.3	317.3	8.7	8.7	42	42	S4	0.2	1800	355	200000
	TB-S1-0.4	329.1	329.1	14.5	14.5	25	25	S1	0.4	1800	355	200000
	TB-S2-0.4	322.7	322.7	11.4	11.4	32	32	S2	0.4	1800	355	200000
	TB-S3-0.4	319.6	319.6	9.8	9.8	37	37	S3	0.4	1800	355	200000
	TB-S4-0.4	317.3	317.3	8.7	8.7	42	42	S4	0.4	1800	355	200000
	TB-S1-0.6	329.1	329.1	14.5	14.5	25	25	S1	0.6	1800	355	200000
	TB-S2-0.6	322.7	322.7	11.4	11.4	32	32	S2	0.6	1800	355	200000
	TB-S3-0.6	319.6	319.6	9.8	9.8	37	37	S3	0.6	1800	355	200000
	TB-S4-0.6	317.3	317.3	8.7	8.7	42	42	S4	0.6	1800	355	200000

5.2.2.2　有限元模拟

对上述箱形截面构件建立有限元模型并进行模拟分析，模型受力与边界条件如图 5-7 所示，引入初始缺陷时采用的一阶屈曲模态如图 5-8 所示。模型网格划分、材料属性取值等其余参数均采用与 4.2 节相同的设置。

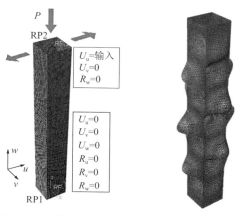

图 5-7　有限元分析模型　图 5-8　构件一阶屈曲模态

采用如图 5-1 所示的 SYM 加载制度和 CPS 加载制度对 16 个典型箱形截面构件进行加载，两种加载制度下构件的弯矩-位移滞回曲线与骨架曲线对比分别如图 5-9 和图 5-10 所示。与 H 形截面构件对比结果类似，CPS 加载制度下箱形截面构件在达到峰值弯矩后的承载力退化速率显著小于 SYM 加载制度，且随着构件截面板件宽厚比的增大，两者差异逐渐减小。

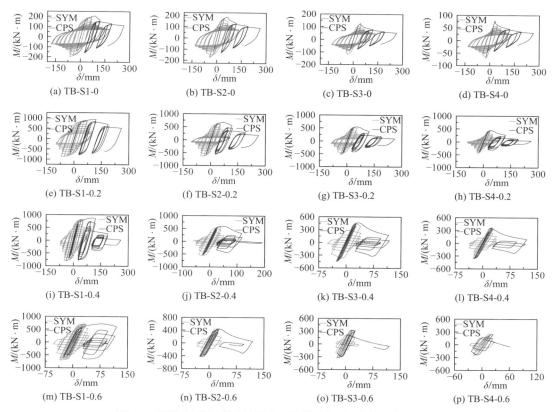

图 5-9　两种加载制度下箱形截面构件弯矩-位移滞回曲线对比

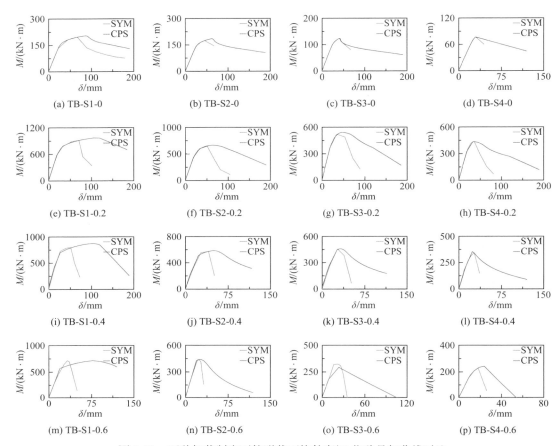

图 5-10　两种加载制度下箱形截面构件弯矩-位移骨架曲线对比

5.2.2.3　箱形截面构件性能评价准则

基于有限元分析结果，采用第 4 章方法求得两种加载制度下典型箱形截面构件的极限应变值列于表 5-6。不同设计参数的箱形截面构件极限应变变化规律总体上与 H 形截面构件类似，CPS 加载制度下的极限应变均大于 SYM 加载制度，且随着截面等级提高（即截面板件宽厚比增大）或轴压比增大，构件的极限应变呈现逐渐降低的趋势。

两种加载制度下箱形截面构件极限应变对比

表 5-6

构件类型	编号	ε_u（CPS）	ε_u（SYM）	ε_u（CPS）/ε_u（SYM）
受弯构件	TB-S1-0	$18.8\varepsilon_y$	$10.0\varepsilon_y$	1.88
	TB-S2-0	$12.1\varepsilon_y$	$8.8\varepsilon_y$	1.37
	TB-S3-0	$5.9\varepsilon_y$	$5.7\varepsilon_y$	1.04
	TB-S4-0	$3.6\varepsilon_y$	$3.6\varepsilon_y$	1.00
压弯构件	TB-S1-0.2	$14.7\varepsilon_y$	$6.9\varepsilon_y$	2.12
	TB-S2-0.2	$10.3\varepsilon_y$	$5.1\varepsilon_y$	2.03

续表

构件类型	编号	ε_u（CPS）	ε_u（SYM）	ε_u（CPS）/ε_u（SYM）
	TB-S3-0.2	$7.4\varepsilon_y$	$5.1\varepsilon_y$	1.44
	TB-S4-0.2	$5.5\varepsilon_y$	$3.4\varepsilon_y$	1.63
	TB-S1-0.4	$12.8\varepsilon_y$	$6.0\varepsilon_y$	2.15
	TB-S2-0.4	$6.0\varepsilon_y$	$3.2\varepsilon_y$	1.87
压弯构件	TB-S3-0.4	$3.7\varepsilon_y$	$2.8\varepsilon_y$	1.33
	TB-S4-0.4	$2.5\varepsilon_y$	$2.1\varepsilon_y$	1.18
	TB-S1-0.6	$11.8\varepsilon_y$	$4.3\varepsilon_y$	2.78
	TB-S2-0.6	$3.2\varepsilon_y$	$2.1\varepsilon_y$	1.50
	TB-S3-0.6	$2.2\varepsilon_y$	$2.1\varepsilon_y$	1.01
	TB-S4-0.6	$2.1\varepsilon_y$	$1.4\varepsilon_y$	1.50

图 5-11 为箱形截面与 H 形截面构件在不同轴压比与截面等级条件下的极限应变对比。由图可见，对于受弯构件，两种类型截面构件的极限应变较为接近；对于压弯构件，部分轴压比与截面等级条件下两者极限应变相近，总体上箱形截面构件极限应变大于 H 形截面构件，这是由于箱形截面压弯构件腹板设计的板件宽厚比与翼缘相同，相对于 H 形截面腹板更为厚实，其对翼缘的边界约束条件也更强，因此具有更好的延性。

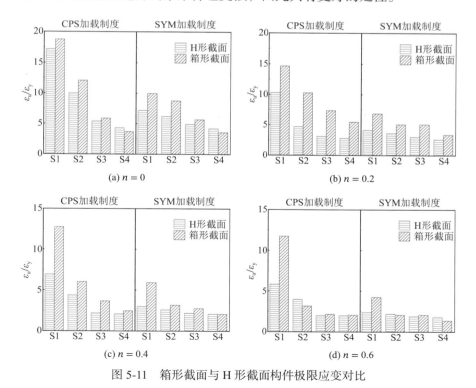

图 5-11　箱形截面与 H 形截面构件极限应变对比

上述研究表明，箱形截面构件与 H 形截面构件的延性表现在多数情况下相近，总体而言箱形截面构件表现更优。对于箱形截面钢构件，应用中采用表 5-5 所示 H 形截面构件性能评价准则时，结果偏安全。

5.3　构件变形性能评价准则在分析软件中的应用特点

通过动力弹塑性分析对地震作用下结构及构件的非线性性能完成评价，是抗震性能化设计中重要的工作之一。目前工程应用中，动力弹塑性分析对于受弯和压弯钢构件主要采用杆系模型模拟，常见的模型包括集中塑性铰模型、分布塑性区模型和纤维模型。本节对各模型特征进行论述，并对比相应构件变形性能评价准则的应用特点。

5.3.1　常见杆系模型

（1）集中塑性铰模型

集中塑性铰模型假设构件所有塑性变形均集中在预设的塑性铰区域，塑性铰可发生塑性转动变形，构件其余部位保持弹性。对于最大弯矩出现在两端的构件，可采用如图 5-12 所示的集中塑性铰模型模拟。

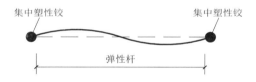

集中塑性铰   集中塑性铰

弹性杆

图 5-12　基于弯矩-转角关系的集中塑性铰模型

集中塑性铰模型将构件的所有塑性变形集中于一点，计算效率较高，但在实际应用中需要提前了解构件的受力特征，准确预设其反弯点及出铰位置，建立准确的弯矩-转角本构关系，以保证计算精度。

（2）分布塑性区模型

分布塑性区模型假设构件中存在着多个小尺度的局部塑性区，这些塑性区可以有不同的塑性发展程度，通过对沿着杆件长度方向的曲率分布进行积分即可获得构件的整体变形，如图 5-13 所示。

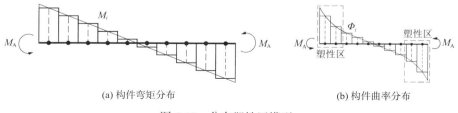

(a) 构件弯矩分布　　　　　　　　　　　　　　　(b) 构件曲率分布

图 5-13　分布塑性区模型

　　分布塑性区模型可以考虑塑性区位置的不确定性以及塑性区的发展，对于实际工程中支承条件多样及受力复杂且不断变化的构件，应用可比集中塑性铰模型更为灵活。其计算精度取决于塑性区分布位置与划分尺寸，以及准确的弯矩-曲率本构关系，但过于细致的划分会增加模型复杂程度与计算量，因此应用中需确定合理的塑性区划分方法以兼顾计算精度与效率。

　　（3）纤维模型

　　纤维模型将构件截面离散为若干纤维，基于平截面假定和各纤维应力-应变关系，通过积分得到截面的内力（图 5-14），其计算精度主要取决于采用的材料应力-应变本构关系。

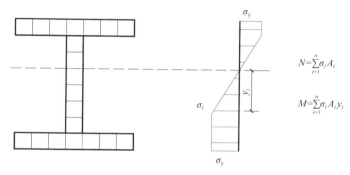

图 5-14　纤维截面的内力计算

　　采用纤维模型模拟梁柱构件时，需兼顾计算精度和效率将构件沿长度方向划分为若干单元，同时单个单元可设置单个或多个积分点，如图 5-15 所示。

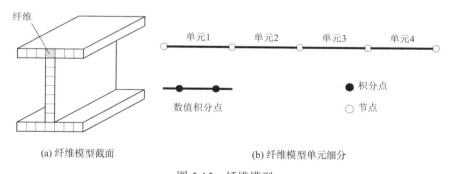

(a) 纤维模型截面　　　　　　(b) 纤维模型单元细分

图 5-15　纤维模型

5.3.2　不同杆系模型对应构件变形性能评价准则的应用特点

　　如图 5-16 所示，三种杆系模型在应用中需基于不同的本构关系建立，而由于输出的结果数据类型不同，在进行构件变形性能评价时原则上需采用对应的变形性能评价准则：集中塑性铰模型基于构件弯矩-转角关系建立，更适用于基于转角的性能评价准则；分布塑性区模型基于截面弯矩-曲率关系建立，更适用于基于曲率指标的性能评价准则；而纤维模型基于材料应力-应变关系建立，更适用于基于应变指标的性能评价准则。

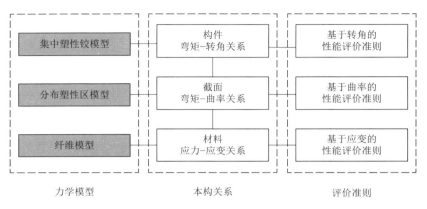

图 5-16 力学模型变形指标

基于转角、曲率或应变指标对构件变形进行性能评价时，通常需要计算相应的变形屈服值用于对比。如表 5-7 所示，在实际工程中，对于不同边界与荷载分布条件，构件的屈服转角并不相同。且对于跨度较大的钢框架梁，重力荷载下的弯矩不可忽略，框架梁中部区域常布置有钢次梁，导致杆件弯矩分布形式种类繁多，准确计算各构件的屈服转角更不容易。而屈服曲率仅与截面尺寸和材料属性相关，屈服应变则仅与材料属性相关，应用中相对更为方便和高效。

不同弯矩分布下构件的变形屈服值　　　　　　　　　　　　　　表 5-7

构件受力状态	构件弯矩分布	屈服转角	屈服曲率	屈服应变
		$\dfrac{M_y L}{6EI}$	$\dfrac{M_y}{EI}$	$\dfrac{f_y}{E}$
		$\dfrac{M_y L}{2EI}$	$\dfrac{M_y}{EI}$	$\dfrac{f_y}{E}$
		$\dfrac{M_y L}{3EI}$	$\dfrac{M_y}{EI}$	$\dfrac{f_y}{E}$
		$\dfrac{M_y L}{4EI}$	$\dfrac{M_y}{EI}$	$\dfrac{f_y}{E}$

综上，不同杆系模型的主要应用特点对比如表 5-8 所示。

不同杆系模型应用特点　　　　　　　　　　　　　　表 5-8

杆系模型	弯矩-轴力耦合作用的考虑方式	变形性能评价适用指标	评价指标影响因素
集中塑性铰模型	单独指定	弦转角	内力分布/边界条件/构件长度/截面尺寸/材料
分布塑性区模型	单独指定	曲率	截面尺寸/材料
纤维模型	自动考虑	应变	材料

由于纤维模型应用高效，在目前的动力弹塑性分析软件中已得到更为广泛的应用。本书建立的基于应变的钢构件性能评价准则，可为纤维模型在抗震性能化设计中更好的应用提供参考依据。

5.4　性能评价准则应用案例研究

本节通过一个平面钢框架案例，详细论述本书提出的基于应变的钢构件性能评价准则在抗震性能化设计中的应用方法，并与采用 FEMA 356 基于转角的性能评价准则的评价结果进行对比分析研究。

5.4.1　案例工程简介

如图 5-17 所示，平面钢框架案例共 4 层，每层层高为 4m，总高度为 16m，柱距为 6m，总跨度为 24m。结构所在地区抗震设防烈度为 8 度，设计基本地震加速度为 0.2g，设计地震分组为第一组，场地类别为Ⅲ类。钢梁上施加 30kN/m 恒荷载与 18kN/m 活荷载。结构构件设计参数列于表 5-9。

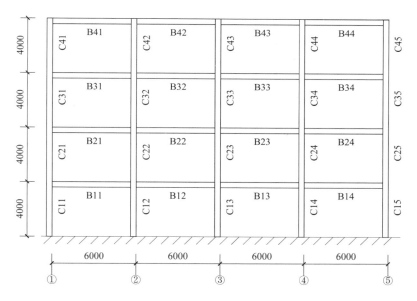

图 5-17　平面钢框架案例示意图

构件设计参数　　　　　　　　　　　　　　　　　　　　表 5-9

结构构件		截面尺寸/mm	截面等级	钢材等级
钢框架柱	首层	$400 \times 350 \times 12 \times 20$	S2	
	标准层	$350 \times 350 \times 10 \times 20$	S2	Q355
钢框架梁		$400 \times 250 \times 6 \times 12$	S3	

5.4.2 建模与分析

对应于两种性能评价准则的适用力学模型，分别基于纤维模型和集中塑性铰模型，对该案例结构进行分析。

基于纤维模型的结构分析模型如图 5-18（a）所示，主要控制参数包括杆件的单元划分尺寸和单元数值积分点数量。本案例中单元尺寸控制为 1m，并选用了双高斯-勒让德型积分点单元，每个数值积分点表征长度为 0.5m，与构件等效塑性区长度基本相当。基于集中塑性铰的结构力学模型如图 5-18（b）所示，本案例采用 FEMA 梁柱单元，预设集中塑性铰位置在杆件两端，每个杆件采用一个单元模拟即可。其中首层钢柱反弯点设在距柱底 2/3 层高处，其余楼层钢柱及钢梁反弯点设在中点处。

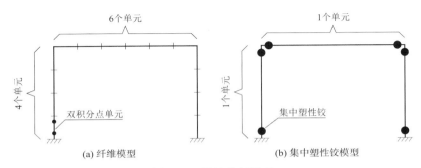

图 5-18　结构分析模型

对于纤维模型，需输入材料的应力-应变关系曲线，本案例选用双折线模型，如图 5-19（a）所示。对于集中塑性铰模型，需输入集中塑性铰位置的弯矩-转角关系曲线，本案例选用 FEMA 356 模型曲线，如图 5-19（b）所示。

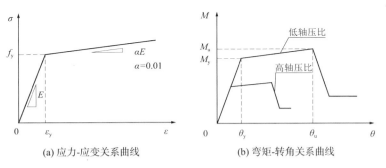

图 5-19　对应于两种力学模型的本构关系

本案例中钢梁、钢柱均采用 Q355 级钢材，用于纤维模型的应力-应变关系曲线中统一取屈服强度 $f_y = 355\text{MPa}$，屈服应变 $\varepsilon_y = 1.78 \times 10^{-3}$。用于集中塑性铰模型的弯矩-转角关系曲线中，各项参数根据构件截面属性、构件长度以及轴压比等条件按 FEMA 356 计算，部分典型构件的参数取值列于表 5-10。

典型构件弯矩-转角关系曲线参数取值 表 5-10

构件	轴压比	$M_y/(kN \cdot m)$	$M_u/(kN \cdot m)$	θ_y/rad	θ_u/rad
梁	—	448	502	0.0086	0.0431
柱 C11	0.16	823	922	0.0065	0.0325
柱 C13	0.31	677	701	0.0052	0.0114
柱 C21	0.13	717	803	0.0059	0.0295
柱 C23	0.25	618	640	0.0051	0.0112

注：屈服弯矩$M_y = f_y W(1-n)$，其中W为构件截面弹性模量，n为轴压比；屈服转角$\theta_y = \frac{f_y WL}{6EI}(1-n)$，其中$L$为构件长度，$E$为钢材弹性模量，$I$为截面惯性矩；极限弯矩$M_u$与极限转角$\theta_u$的计算详见 FEMA 356。

对结构进行地震作用下的非线性时程分析，地震波采用 El Centro 波，峰值加速度调整为 400cm/s²，其地震加速度时程见图 5-20。阻尼模拟采用瑞利阻尼，选择第一振型周期T_1与 0.2 倍第一振型周期$0.2T_1$作为特征周期点，本案例第一振型周期为 1.4s，对应的阻尼比设定为 0.02，如图 5-21 所示。

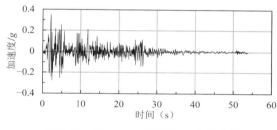

图 5-20 El Centro 波地震加速度时程

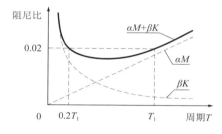

图 5-21 瑞利阻尼参数设置

5.4.3 性能目标设定

在进行结构的性能目标设定时，原则上需要设定不同地震水准下结构与构件预期达到的损坏程度。本案例主要用于论述钢构件性能评价准则的应用方法，为便于描述，仅设定罕遇地震水准下的性能目标，如表 5-11 所示，其中纤维模型与集中塑性铰模型构件层次的损坏等级分别基于本书与 FEMA 356 的规定设定。

钢框架结构案例罕遇地震水准下的性能目标 表 5-11

类别		纤维模型	集中塑性铰模型
结构层次		层间位移角 $< 1/50$	层间位移角 $< 1/50$
构件层次	钢梁	中度损坏	LS
	钢柱	中度损坏	LS

由于两种性能评价准则中构件损坏等级的划分存在差异，为便于对比，可建立两者之间的大致对应关系如图 5-22 所示。

图 5-22　两种评价准则损坏等级对照

针对本案例梁柱构件截面等级与轴压比，可确定适用于纤维模型构件性能评价的应变指标限值如表 5-12 所示，适用于集中塑性铰模型构件性能评价的转角指标限值如表 5-13 所示。

适用于纤维模型的应变指标限值　　　　表 5-12

构件类型	截面等级	轴压比n	完好	轻微损坏	轻度损坏	中度损坏	比较严重损坏	严重损坏
钢梁	S3	—	$\leqslant \varepsilon_y$	$\leqslant 2\varepsilon_y$	$\leqslant 3\varepsilon_y$	$\leqslant 4\varepsilon_y$	$\leqslant 5\varepsilon_y$	$> 5\varepsilon_y$
钢柱	S2	$n < 0.2$	$\leqslant \varepsilon_y$	$\leqslant 2\varepsilon_y$	$\leqslant 3\varepsilon_y$	$\leqslant 4\varepsilon_y$	$\leqslant 5\varepsilon_y$	$> 5\varepsilon_y$
		$0.2 \leqslant n < 0.4$	$\leqslant \varepsilon_y$	$\leqslant 1.75\varepsilon_y$	$\leqslant 2.5\varepsilon_y$	$\leqslant 3.25\varepsilon_y$	$\leqslant 4\varepsilon_y$	$> 4\varepsilon_y$

FEMA 356 基于转角的评价准则　　　　表 5-13

构件	截面等级	轴压比n	塑性转角限值		
			IO	LS	CP
钢梁	b 类	—	$0.25\theta_y$	$3\theta_y$	$4\theta_y$
钢柱	b 类	$n < 0.2$	$0.25\theta_y$	$3\theta_y$	$4\theta_y$
		$0.2 \leqslant n < 0.5$	$0.25\theta_y$	$1.2\theta_y$	$1.2\theta_y$

5.4.4　计算结果与性能评价

5.4.4.1　结构层次

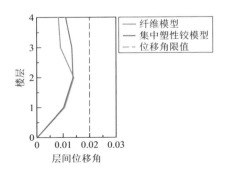

图 5-23　结构层间位移角

两个模型计算得到的层间位移角分布见图 5-23，最大层间位移角分别为 1/71 和 1/73，满足性能目标设定中 1/50 的限值要求。

5.4.4.2　构件层次

在进行构件层次的性能评价时，首先提取构件的变形响应。图 5-24 和图 5-25 分别为纤维模型的最大应变分布和集中塑性铰模型的最大转角分布。基于表 5-12 与表 5-13 两种性能评价准则，可进一步评价各结构构件的损坏程度。

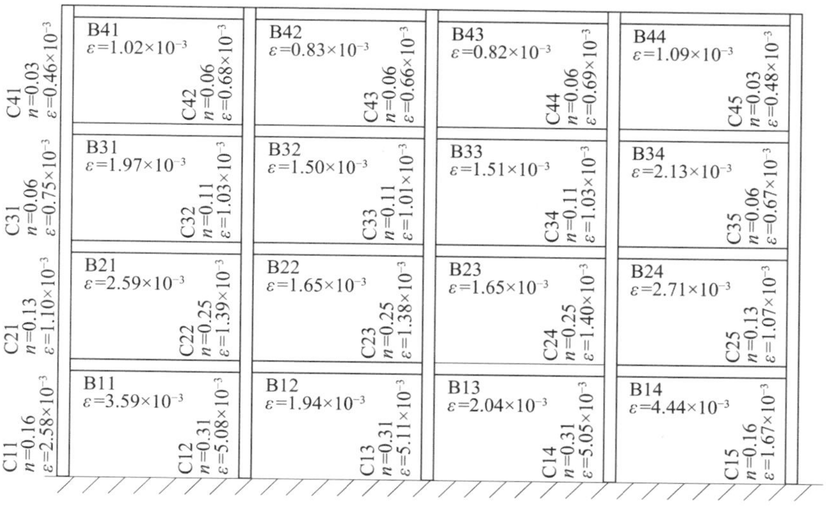

B41 $\varepsilon=1.02\times10^{-3}$　B42 $\varepsilon=0.83\times10^{-3}$　B43 $\varepsilon=0.82\times10^{-3}$　B44 $\varepsilon=1.09\times10^{-3}$
C41 $n=0.03$ $\varepsilon=0.46\times10^{-3}$　C42 $n=0.06$ $\varepsilon=0.68\times10^{-3}$　C43 $n=0.06$ $\varepsilon=0.66\times10^{-3}$　C44 $n=0.06$ $\varepsilon=0.69\times10^{-3}$　C45 $n=0.03$ $\varepsilon=0.48\times10^{-3}$

B31 $\varepsilon=1.97\times10^{-3}$　B32 $\varepsilon=1.50\times10^{-3}$　B33 $\varepsilon=1.51\times10^{-3}$　B34 $\varepsilon=2.13\times10^{-3}$
C31 $n=0.06$ $\varepsilon=0.75\times10^{-3}$　C32 $n=0.11$ $\varepsilon=1.03\times10^{-3}$　C33 $n=0.11$ $\varepsilon=1.01\times10^{-3}$　C34 $n=0.11$ $\varepsilon=1.03\times10^{-3}$　C35 $n=0.06$ $\varepsilon=0.67\times10^{-3}$

B21 $\varepsilon=2.59\times10^{-3}$　B22 $\varepsilon=1.65\times10^{-3}$　B23 $\varepsilon=1.65\times10^{-3}$　B24 $\varepsilon=2.71\times10^{-3}$
C21 $n=0.13$ $\varepsilon=1.10\times10^{-3}$　C22 $n=0.25$ $\varepsilon=1.39\times10^{-3}$　C23 $n=0.25$ $\varepsilon=1.38\times10^{-3}$　C24 $n=0.25$ $\varepsilon=1.40\times10^{-3}$　C25 $n=0.13$ $\varepsilon=1.07\times10^{-3}$

B11 $\varepsilon=3.59\times10^{-3}$　B12 $\varepsilon=1.94\times10^{-3}$　B13 $\varepsilon=2.04\times10^{-3}$　B14 $\varepsilon=4.44\times10^{-3}$
C11 $n=0.16$ $\varepsilon=2.58\times10^{-3}$　C12 $n=0.31$ $\varepsilon=5.08\times10^{-3}$　C13 $n=0.31$ $\varepsilon=5.11\times10^{-3}$　C14 $n=0.31$ $\varepsilon=5.05\times10^{-3}$　C15 $n=0.16$ $\varepsilon=1.67\times10^{-3}$

图 5-24　纤维模型最大应变分布

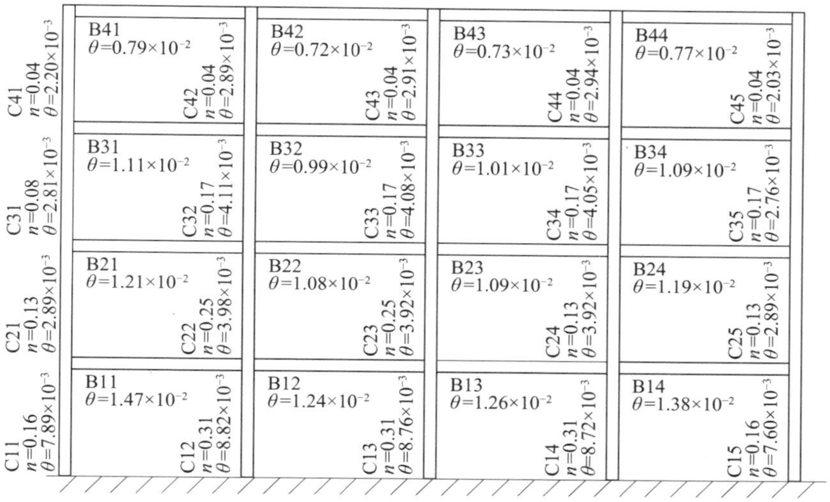

B41 $\theta=0.79\times10^{-2}$　B42 $\theta=0.72\times10^{-2}$　B43 $\theta=0.73\times10^{-2}$　B44 $\theta=0.77\times10^{-2}$
C41 $n=0.04$ $\theta=2.20\times10^{-3}$　C42 $n=0.04$ $\theta=2.89\times10^{-3}$　C43 $n=0.04$ $\theta=2.91\times10^{-3}$　C44 $n=0.04$ $\theta=2.94\times10^{-3}$　C45 $n=0.04$ $\theta=2.03\times10^{-3}$

B31 $\theta=1.11\times10^{-2}$　B32 $\theta=0.99\times10^{-2}$　B33 $\theta=1.01\times10^{-2}$　B34 $\theta=1.09\times10^{-2}$
C31 $n=0.08$ $\theta=2.81\times10^{-3}$　C32 $n=0.17$ $\theta=4.11\times10^{-3}$　C33 $n=0.17$ $\theta=4.08\times10^{-3}$　C34 $n=0.17$ $\theta=4.05\times10^{-3}$　C35 $n=0.17$ $\theta=2.76\times10^{-3}$

B21 $\theta=1.21\times10^{-2}$　B22 $\theta=1.08\times10^{-2}$　B23 $\theta=1.09\times10^{-2}$　B24 $\theta=1.19\times10^{-2}$
C21 $n=0.13$ $\theta=2.89\times10^{-3}$　C22 $n=0.25$ $\theta=3.98\times10^{-3}$　C23 $n=0.25$ $\theta=3.92\times10^{-3}$　C24 $n=0.13$ $\theta=3.92\times10^{-3}$　C25 $n=0.13$ $\theta=2.89\times10^{-3}$

B11 $\theta=1.47\times10^{-2}$　B12 $\theta=1.24\times10^{-2}$　B13 $\theta=1.26\times10^{-2}$　B14 $\theta=1.38\times10^{-2}$
C11 $n=0.16$ $\theta=7.89\times10^{-3}$　C12 $n=0.31$ $\theta=8.82\times10^{-3}$　C13 $n=0.31$ $\theta=8.76\times10^{-3}$　C14 $n=0.31$ $\theta=8.72\times10^{-3}$　C15 $n=0.16$ $\theta=7.60\times10^{-3}$

图 5-25　集中塑性铰模型最大转角分布

　　以塑性应变最大的钢梁 B14 和钢柱 C13 为例，阐述受弯与压弯钢构件的性能评价方法。

　　纤维模型中钢梁 B14 的应变发展时程如图 5-26（a）所示，B14 截面等级为 S3，最大应变 $\varepsilon = 4.44 \times 10^{-3} = 2.58\varepsilon_y$，小于表 5-12 中轻度损坏应变限值 $3\varepsilon_y$，判定构件处于轻度损坏状态。集中塑性铰模型中钢梁 B14 的转角发展时程如图 5-26（b）所示，最大转角 $\theta = 0.0138 = 1.6\theta_y$，塑性转角 $\theta_p = 0.6\theta_y$，小于表 5-13 中 LS 转角限值 $3\theta_y$，判定构件处于 LS 水准。

　　采用类似方法评价钢柱 C13 的损坏等级。纤维模型中钢柱 C13 的应变发展时程如图 5-27（a）所示，其截面等级为 S2，轴压比为 0.31，最大应变 $\varepsilon = 5.11 \times 10^{-3} = 2.97\varepsilon_y$，小于表 5-12 中中度损坏应变限值 $3.25\varepsilon_y$，判定构件处于中度损坏状态。集中塑性铰模型中钢柱 C13 的转角发展时程如图 5-27（b）所示，最大转角 $\theta = 0.00876 = 1.66\theta_y$，塑性转角 $\theta_p = 0.66\theta_y$，小于表 5-13 中 LS 塑性转角限值 $1.2\theta_y$，判定构件处于 LS 水准。

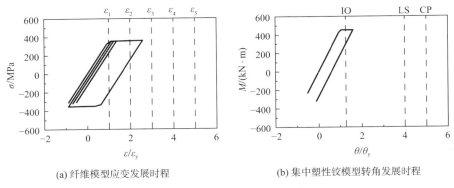

(a) 纤维模型应变发展时程　　　　　　　(b) 集中塑性铰模型转角发展时程

图 5-26　钢梁 B14 性能评价

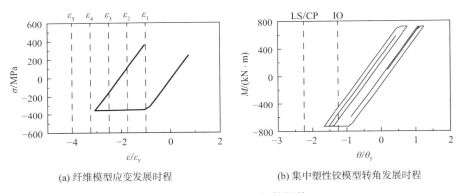

(a) 纤维模型应变发展时程　　　　　　　(b) 集中塑性铰模型转角发展时程

图 5-27　钢柱 C13 性能评价

根据上述方法，可得到其他构件的评价结果。表 5-14 为平面钢框架首层构件的评价结果统计，可见采用两种评价准则得到的评价结果基本一致，其中钢梁不超过轻度损坏与 LS 状态，钢柱不超过中度损坏与 LS 状态，均满足预设性能目标要求。

平面钢框架首层构件评价结果统计　　　　　　　表 5-14

构件类型	构件编号	轴压比	本书评价方法			FEMA 356				
			截面等级	ε	$\varepsilon/\varepsilon_y$	评价结果	截面等级	θ/rad	θ_y/rad	θ/θ_y	评价结果
受弯构件	B11	—	S3	3.59×10^{-3}	2.08	轻度损坏	b 类	1.47×10^{-2}	0.86×10^{-2}	1.71	LS 水准
	B12	—	S3	1.94×10^{-3}	1.13	轻微损坏	b 类	1.24×10^{-2}	0.86×10^{-2}	1.44	LS 水准
	B13	—	S3	2.04×10^{-3}	1.18	轻微损坏	b 类	1.26×10^{-2}	0.86×10^{-2}	1.46	LS 水准
	B14	—	S3	4.44×10^{-3}	2.58	轻度损坏	b 类	1.38×10^{-2}	0.86×10^{-2}	1.60	LS 水准

续表

构件类型	构件编号	轴压比	本书评价方法				FEMA 356				
			截面等级	ε	$\varepsilon/\varepsilon_y$	评价结果	截面等级	θ/rad	θ_y/rad	θ/θ_y	评价结果
压弯构件	C11	0.16	S2	2.58×10^{-3}	1.50	轻微损坏	b 类	0.79×10^{-2}	0.65×10^{-2}	1.22	IO 水准
	C12	0.31	S2	5.08×10^{-3}	2.95	中度损坏	b 类	0.88×10^{-2}	0.52×10^{-2}	1.66	LS 水准
	C13	0.31	S2	5.11×10^{-3}	2.97	中度损坏	b 类	0.88×10^{-2}	0.52×10^{-2}	1.66	LS 水准
	C14	0.31	S2	5.05×10^{-3}	2.93	中度损坏	b 类	0.87×10^{-2}	0.52×10^{-2}	1.66	LS 水准
	C15	0.16	S2	1.67×10^{-3}	0.97	无损坏	b 类	0.76×10^{-2}	0.65×10^{-2}	1.18	IO 水准

　　整个结构的钢梁与钢柱性能评价结果统计见图 5-28 和图 5-29，可见对于该钢框架案例，采用本书提出的基于应变的性能评价方法与 FEMA 356 基于转角的评价方法，得到的评价结果总体上具有一致性。

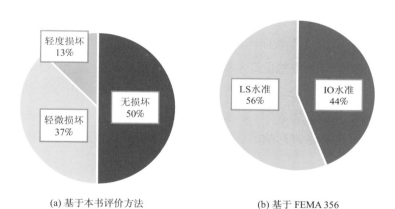

(a) 基于本书评价方法　　　　　　(b) 基于 FEMA 356

图 5-28　钢梁评价结果统计

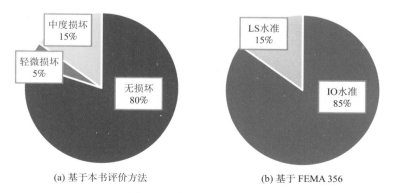

(a) 基于本书评价方法　　　　　　(b) 基于 FEMA 356

图 5-29　钢柱评价结果统计

5.5　本章小结

本章对比了不同加载制度对构件延性的影响，考虑到地震作用的随机性，结合抗震设计中实际应用需求，建立了用于抗震设计的受弯与压弯钢结构构件基于应变的性能评价准则。对比了构件性能评价准则在不同杆系模型中的应用特点，并通过一个平面钢框架案例，论述了性能评价准则的应用方法，得到以下主要结论：

（1）典型 H 形截面构件在不同加载制度下的延性对比分析表明，对于塑性发展能力较强的构件（如 S1~S2 级截面、低轴压比构件），加载制度对其延性存在较显著的影响，而对于塑性发展能力较弱的构件，其影响不明显。基于上述规律，考虑到地震作用的随机性，提出了地震作用下 H 形截面受弯与压弯钢构件极限应变取值建议。

（2）为便于工程应用，将构件根据截面等级和轴压比进行分级，建立了各级构件损坏程度与变形之间的对应关系，从而建立了 H 形截面受弯与压弯钢构件基于应变的性能评价准则。

（3）采用相似方法分析了不同加载制度下典型箱形截面受弯与压弯钢构件的延性，结果表明箱形截面构件延性总体上略优于具有相同截面等级的 H 形截面构件，工程应用中对于箱形截面构件可采用与 H 形截面构件相同的性能评价准则。

（4）分析了弹塑性分析中常见杆系模型的特征及对应变形性能评价指标的应用特点。通过一个平面钢框架案例论述了本书基于应变性能评价准则的应用方法，与采用 FEMA 356 基于转角的性能评价方法对比表明，两种方法得到的结果具有一致性。基于应变进行性能评价具有不受荷载和边界条件影响的优点，应用更为便捷，更适用于目前广泛应用的纤维模型。

第 6 章

抗震性能化设计改进方法在高层钢结构工程中的应用及研究

京东智慧城位于江苏省宿迁市宿豫区，抗震设防烈度为 8 度（0.3g），项目由超高层办公楼、商业配套建筑、公寓以及生活配套建筑等组成。其中办公楼高度约 158m，是该高烈度地区目前已建成最高的建筑，采用新颖的钢框架-钢板墙核心筒 + 黏滞阻尼墙结构体系。传统规范设计法对于此类高延性的新体系结构难以适用，本章基于本书提出的抗震性能化设计改进方法，对该结构完成了全过程的抗震性能化设计，并分析设计结构的抗震性能表现，以验证本书方法的可靠性与先进性。

6.1 设计概述

6.1.1 工程概况

京东智慧城办公楼（图 6-1）由塔楼和裙房部分组成，两者通过设置抗震缝脱开，建筑主要信息如表 6-1 所示，本章研究对象为办公楼塔楼部分。

(a) 效果图　　　　　　　　　　(b) 建成图（图片来自网络）

图 6-1　京东智慧城超高层办公楼建筑效果

京东智慧城超高层办公楼建筑主要信息　　　　　　表 6-1

项目	基本信息
结构体系	钢框架-钢板墙核心筒 + 黏滞阻尼墙
建筑高度	158m
结构高度	149m
层数	33 层（地上）
标准层层高	4.5m
地上建筑总面积	78000m²
首层平面尺寸	40.2m × 77.2m
标准层平面尺寸	40.2m × 43.4m

表 6-2 为项目结构设计条件与抗震设防参数。表 6-3 为结构重力荷载、风荷载与地震作用等主要设计荷载条件。

超高层办公楼结构设计条件与抗震设防参数　　　　　　表 6-2

参数	取值
结构设计使用年限	50 年
抗震设防烈度	8 度
设计基本地震加速度	0.30g
设计地震分组	第二组
场地类别	Ⅲ
场地特征周期值	0.55s
安全等级	二级
抗震设防类别	标准设防类（丙类）
基础设计安全等级	二级
地基基础设计等级	甲级
桩基设计等级	甲级

主要设计荷载条件　　　　　　表 6-3

重力荷载		
功能与用途	楼面附加恒荷载/(kN/m²)	活荷载/(kN/m²)
办公	2.0	3.0
无人超市、无人仓维护	3.0	3.5
企业展廊	3.5	5.0
走廊、门厅	1.5	2.5/3.5
强/弱电间、机房	1.5	8.0

续表

储藏室	1.5	5.0
卫生间	2.0	2.5
楼梯	8.0	3.5
停机坪	3.5	8.0
数据中心	3.0	10.0

风荷载				
计算参数	基本风压/(kN/m²)	阻尼比	地面粗糙度	风压体型系数
50 年重现期（用于位移计算）	0.40	3%	B 类	1.4
50 年重现期（用于承载力计算）	0.40×1.1＝0.44	3%		
10 年重现期（用于舒适度计算）	0.25	1%		

地震作用			
地震水准	水平地震影响系数	特征周期/s	阻尼比
多遇地震	0.24	0.55	0.03
罕遇地震	1.2	0.60	0.05

6.1.2　结构体系

项目在设计初期通过多结构方案对比，最终选择框筒结构体系，其外框由钢管混凝土柱与钢框架梁组成，内核心筒由带边框柱的加劲钢板墙与黏滞阻尼墙组成，标准层结构平面示意如图 6-2 所示。

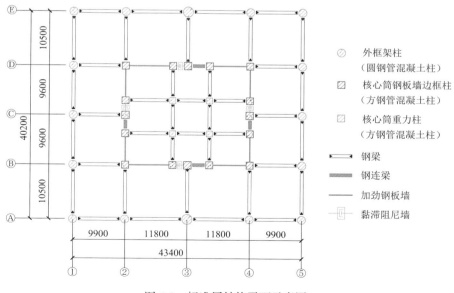

图 6-2　标准层结构平面示意图

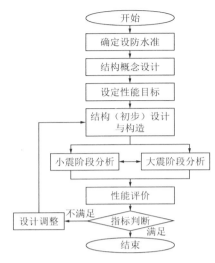

图 6-3 抗震性能化设计流程

6.1.3 抗震性能化设计流程

项目地处高烈度区，地震作用为控制工况，设计基于高延性设计理念，采用抗震性能化设计方法实现。

基于本书 2.3.1 节提出的抗震性能化设计改进方法，确定如图 6-3 所示抗震性能化设计流程。结合本项目设防类别及使用功能，确定设防水准如下：正常使用阶段"小震不坏"，即多遇地震水准下结构保持弹性；抗震性能极限阶段"大震不倒"，即罕遇地震水准下结构可进入屈服。

6.2 结构概念设计

根据本书抗震性能化设计改进方法要求，结构概念设计应强调对整体结构的决策，包括承重体系、抗侧力体系和屈服机制的设计，以及对主要构件的抗震性能预期和关键控制指标的考量。

6.2.1 承重体系设计

本项目承重体系包括外框架与内核心筒。由于核心筒钢板墙设计为耗能构件，考虑到其在大轴压比下侧向变形能力将发生显著下降[123]，为充分发挥其耗能能力，设计中需尽量降低其承担的重力荷载，因此本工程中结构的承重体系主要竖向构件由外框架柱、核心筒边框柱和重力柱组成。

外框柱和核心筒边框柱，同时也是抗侧力的重要构件，有较高的延性需求，考虑到轴压比对于钢管混凝土柱延性有较大影响[124]，因此设计中除控制恒、活静载下的轴压比外，同时应避免其在地震作用下因抗倾覆造成轴压比过大，从而影响结构整体高延性设计理念的实现。

此外，在承重体系的设计中，需采取相关措施保证钢管混凝土柱的稳定性要求，对于核心筒部分，不仅要满足自身在地震作用下的稳定性，还需为外框架提供稳定性支持，因此在设计中控制钢板墙边框柱的应力水平，以保证有足够的安全富余。对于外框架部分，以底部跃层柱为例，考虑以下因素以保证稳定性：

（1）边界条件的准确模拟。跃层柱下端嵌固，上端通过框架梁与核心筒相连，为准确考虑边界条件影响，设计中通过弹性屈曲分析获得跃层柱的屈曲半波长度作为有效计算长度，进而计算稳定承载力，同时进一步采用直接分析法完成校核。

（2）连接的可靠度。跃层柱与核心筒通过楼面梁连接，若连接节点或楼面梁失效将使跃层柱失去侧向支撑点，导致预设的计算假定失效。本项目中楼面梁采用实腹式钢梁，同时严格控制实腹钢梁腹板开洞面积，避免轴向刚度削弱过多影响其对跃层柱的侧向支撑能力，从而使连接节点与楼面梁具有可靠的承载力和变形能力冗余。

6.2.2　抗侧力体系设计与屈服机制

如图 6-4 所示，结构抗侧力体系由两部分组成，包括钢板墙、钢板墙边框柱和钢连梁组成的核心筒，以及钢管混凝土柱与钢框架梁组成的外框架，其中核心筒为第一道抗震防线，外框架为第二道抗震防线。

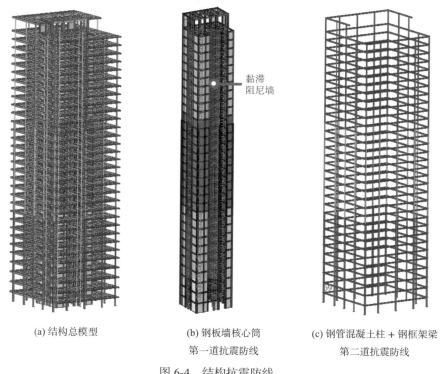

(a) 结构总模型　　　　(b) 钢板墙核心筒　　　　(c) 钢管混凝土柱 + 钢框架梁
　　　　　　　　　　　第一道抗震防线　　　　　第二道抗震防线

图 6-4　结构抗震防线

第一道抗震防线的理想屈服机制是钢连梁和钢板墙率先屈服耗能，核心筒钢板墙边框柱较晚屈服，为实现该目标，设计时遵循以下原则：（1）钢连梁采用低承载力设计，以保证其在地震作用下尽早进入屈服状态，提高耗能能力，同时避免其剪力在相邻核心筒钢板墙边框柱中产生过大的附加竖向力。（2）核心筒中的钢板墙作为主要的耗能构件之一，过高的压应力水平将显著降低其剪切耗能能力，因此设计中通过合理的设计及施工工序措施，避免其承担过多的重力荷载；为避免上下层应力传递，其竖向加劲肋设计为非连续形式，图 6-5 所示为钢板剪力墙加劲肋采用的布置方案。

当第一道抗震防线进入屈服阶段后，结构内力重分配，外框架系统承受的地震作用增加。现行《抗规》提出对于钢框架-支撑结构，框架部分按刚度分配计算得到的地震层剪力应乘以调整系数以作为安全储备，本项目设计中参考采用该设计原则。

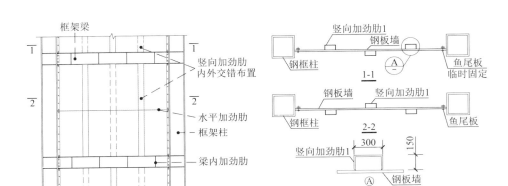

图 6-5　钢板墙加劲肋布置方案

6.2.3　主要构件设计原则

上述承重体系设计、抗侧力体系设计以及屈服机制的实现，需基于各类构件承载力和延性的合理设计。根据不同构件受力特点与性能预期，确定如表 6-4 所示主要构件承载力与延性设计原则及关键控制指标。

主要构件承载力与延性设计原则及关键控制指标　　　　　表 6-4

构件类型	性能预期	构件设计原则及关键控制指标
外框架柱及 核心筒钢板墙边框柱	承担部分竖向荷载 有侧向变形需求	高承载力、高延性设计 控制非地震组合下轴压力水平 控制地震作用下瞬时轴压力水平
钢板墙	主要的耗能构件 以剪切变形为主	低承载力、高延性设计 控制非地震组合下轴压力水平
钢连梁	主要的耗能构件	低承载力、高延性设计
核心筒重力柱	主要承受竖向荷载	高承载力设计

6.3　性能目标设定

基于设防水准和概念设计确定的结构抗震性能预期，进一步确定结构层次与构件层次对应于不同地震水准的细化性能目标。

6.3.1　结构层次性能目标

根据项目高延性设计理念，本工程设定结构在多遇地震水准下的性能水准等级为 1 级（无损坏）；罕遇地震水准下的性能水准等级为 5 级（比较严重损坏），即结构层间位移角不超过规范通常控制的上限值。

文献[55]综述了国内外钢板墙的试验结果，提出可将钢框架-钢板剪力墙结构的性能水准分为"正常使用""功能连续""修复后使用""生命安全"和"防止倒塌"五个等级，各等级对应的层间位移角限值见表 6-5。

文献[55]钢框架-钢板剪力墙各性能水准层间位移角限值　　表 6-5

性能水准	正常使用	功能连续	修复后使用	生命安全	防止倒塌
层间位移角限值	1/300	1/230	1/130	1/90	1/50

参考上述研究成果，本工程如表 6-6 所示，设定结构最大层间位移角在多遇地震水准下不超过 1/300，罕遇地震水准下不超过 1/50。同时考虑到结构采用新体系，为谨慎起见，同时采用结构残余层间位移角对罕遇地震水准下的结构变形进行控制，设定罕遇地震下残余层间位移角不超过 1/200。

结构层次性能目标　　表 6-6

项目	多遇地震水准		罕遇地震水准	
	性能水准等级	限值	性能水准等级	限值
层间位移角	1 级（无损坏）	1/300	5 级（比较严重损坏）	≤ 1/50
残余层间位移角		—		≤ 1/200

6.3.2　构件层次性能目标

构件层次和结构层次的性能目标应相对应，本工程多遇地震下结构性能水准为 1 级，结构处于弹性状态，因此结构构件性能水准也均设定为 1 级，主要进行承载力控制；罕遇地震下结构性能水准为 5 级，结构进入弹塑性阶段，结构构件需根据其构件类型、功能与受力特点，区分"力控制"效应和"变形控制"效应，分别确定定量的性能目标。

本工程包含多种结构构件，主要可分为钢管混凝土柱、钢梁、加劲钢板墙和阻尼墙子结构四类。

6.3.2.1　钢管混凝土柱

结构外框架柱为圆钢管混凝土柱，核心筒钢板墙边框柱及重力柱均为方钢管混凝土柱。罕遇地震水准下，核心筒作为第一道抗震防线，应率先屈服耗能，但考虑到核心筒钢板墙边框柱并不是主要耗能构件，设定其性能水准等级为 4 级（中度损坏）；外框架为第二道抗震防线，外框架柱需在核心筒承载力下降时继续承担地震作用，设定其性能水准等级比核心筒钢板墙边框柱高一级，即 3 级（轻度损坏）；筒内重力柱主要承受竖向荷载，其在整个地震过程中均不应超过轻微损坏状态，设定性能水准等级为 2 级（轻微损坏）。

钢管混凝土柱轴压力水平在正常范围内时，由于钢管内填混凝土材料对钢管壁提供支撑作用，可有效防止钢管局部屈曲的发生，因此其具有较高的侧向变形能力，可作为"变形控制"效应验算。韩林海[125-127]对圆钢管和方钢管混凝土柱在循环荷载下的位移延性做了系统的研究，分析了轴压比n和长细比λ对其延性的影响（图 6-6）。其中位移延性系数定义为：

$$\mu_{CFT} = \delta_u/\delta_y \tag{6-1}$$

式中，δ_y为屈服侧向位移；δ_u为极限侧向位移（承载力下降至峰值的 85% 时对应的位移，与本书性能点 5 定义一致）。

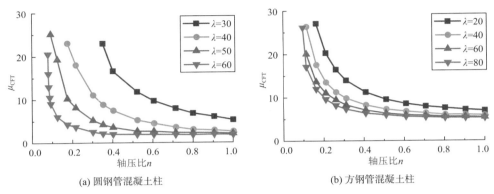

(a) 圆钢管混凝土柱　　　　　　　　(b) 方钢管混凝土柱

图 6-6　轴压比、长细比对钢管混凝土柱位移延性系数的影响[125]

本工程中以此研究成果为主要依据，基于钢管混凝土柱位移指标建立性能评价准则。圆钢管混凝土柱轴压比控制在 0.5 左右，其中非跃层柱长细比约 30，根据图 6-6（a）可确定其位移延性系数$\mu_{CFT} = 11$，即极限侧向位移为$11\delta_y$；跃层柱长细比约 60，确定其位移延性系数$\mu_{CFT} = 2$，即极限侧向位移为$2\delta_y$。方钢管混凝土柱轴压比控制在 0.5 左右，长细比为 30，根据图 6-6（b）确定其位移延性系数$\mu_{CFT} = 7$，即极限侧向位移为$7\delta_y$。基于本书构件损坏程度的划分原则，上述位移延性系数对应于"比较严重损坏"的限值，同时为便于应用，通过 4 等分方法确定对应于"轻微损坏""轻度损坏"和"中度损坏"的变形限值，建立如表 6-7 所示适用于本工程钢管混凝土的性能评价准则。

钢管混凝土柱性能评价准则（轴压比 0.5）　　　　　　　　　　表 6-7

构件类型	长细比λ	位移限值					
		无损坏	轻微损坏	轻度损坏	中度损坏	比较严重损坏	严重损坏
		$\leq \delta_1$	$\leq \delta_2$	$\leq \delta_3$	$\leq \delta_4$	$\leq \delta_5$	$> \delta_5$
方钢管混凝土柱	30	$\leq \delta_y$	$\leq 2.5\delta_y$	$\leq 4\delta_y$	$\leq 5.5\delta_y$	$\leq 7\delta_y$	$> 7\delta_y$
圆钢管混凝土柱	30	$\leq \delta_y$	$\leq 3.5\delta_y$	$\leq 6\delta_y$	$\leq 8.5\delta_y$	$\leq 11\delta_y$	$> 11\delta_y$
	60	$\leq \delta_y$	$\leq 1.25\delta_y$	$\leq 1.5\delta_y$	$\leq 1.75\delta_y$	$\leq 2\delta_y$	$> 2\delta_y$

由于外框柱柱距较大，在地震作用下，其承担的轴压力难以有效向邻近竖向构件转移分配，为保证结构承重体系的竖向荷载承载力，外框架柱在罕遇地震下的瞬时轴压比控制在 0.85 以内，以保证一定的安全度冗余；对于核心筒钢板墙的边框柱和重力柱，瞬时轴压比限值则定为 1.0。

综上，本工程钢管混凝土柱的性能目标如表 6-8 所示。

钢管混凝土柱性能目标 表 6-8

构件类型		多遇地震水准		罕遇地震水准		
		性能水准等级	应力比	性能水准等级	瞬时轴压比	位移
外框架柱	非跃层柱	1 级（无损坏）	≤ 0.85	3 级（轻度损坏）	≤ 0.85	≤ 6δ_y
	跃层柱	1 级（无损坏）	≤ 0.85	3 级（轻度损坏）	≤ 0.85	≤ 1.5δ_y
钢板墙边框柱		1 级（无损坏）	≤ 0.85	4 级（中度损坏）	≤ 1.0	≤ 5.5δ_y
重力柱		1 级（无损坏）	≤ 0.85	2 级（轻微损坏）	≤ 1.0	≤ 2.5δ_y

6.3.2.2 钢梁

钢梁为本工程最主要的水平构件，按照受力模式可分为钢连梁、钢框架梁、钢次梁和钢悬臂梁四种类型。钢连梁是结构主要的耗能构件，应使其在设防地震或罕遇地震下尽快进入屈服，因此其在多遇地震水准下的应力比控制限值高于框架梁等其他钢梁，取为 1.0；罕遇地震水准下，设定其性能水准等级等同于结构性能水准等级 5 级（比较严重损坏）。钢框架梁可发挥一定程度的耗能作用，设定其性能水准等级为 4 级（中度损坏）。钢悬臂梁一般为一端刚接、一端自由，在竖向地震作用组合下可能会屈服，设定其性能水准等级为 2 级（轻微损坏）。

参考第 5 章提出的构件性能评价准则（表 5-4），设定不同地震水准下钢梁的性能目标如表 6-9 所示。

钢梁性能目标 表 6-9

构件类型	多遇地震水准		罕遇地震水准	
	性能水准等级	应力比	性能水准等级	变形
钢连梁	1 级（无损坏）	应力比 ≤ 1.0	5 级（比较严重损坏）	变形 ≤ 限值*
钢框架梁	1 级（无损坏）	应力比 ≤ 0.85	4 级（中度损坏）	变形 ≤ 限值
钢悬臂梁	1 级（无损坏）	应力比 ≤ 0.85	2 级（轻微损坏）	变形 ≤ 限值

*变形限值应根据钢梁截面等级，按表 5-4 确定。

6.3.2.3 加劲钢板墙

加劲钢板墙位于核心筒中，属于第一道抗震防线，设计中应充分发挥其地震耗能的作用；但考虑其对结构整体稳定的贡献，将性能水准等级定为 4 级（中度损坏）。

钢板剪力墙通常会承担一部分竖向荷载，以本项目中典型加劲钢板墙为例，通过精细化有限元分析表明，轴压比对钢板墙的抗侧承载力与延性产生显著影响（图 6-7）。因此为保证钢板墙在地震作用下可有效发挥耗能作用，设计中应严格控制其重力荷载下的轴压力水平，本工程中设定钢板剪力墙在重力荷载下的轴压比不超过 0.3。在施工中通过将各层钢板墙分段临时安装固定于边框柱，待全楼施工至 2/3 高度后再分层焊接的方式，避免钢板墙承担过大的结构自重。项目自施工至目前投入使用期间的应力监测结果表明，钢板墙应力水平处于预设范围内。

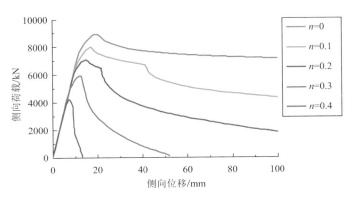

图 6-7 不同轴压比下钢板墙侧向荷载-位移曲线

ASCE 41-17 中基于剪切变形角对钢板墙的性能评价准则做出了相关规定[31]，本书据此建立如表 6-10 所示加劲钢板墙的性能评价准则。

加劲钢板墙基于剪切变形角的性能评价准则　　　　　　表 6-10

构件类型	剪切变形角					
	1	2	3	4	5	6
	无损坏	轻微损坏	轻度损坏	中度损坏	比较严重损坏	严重损坏
钢板剪力墙	$\leqslant \theta_y$	$\leqslant 1.5\theta_y$	$\leqslant 6\theta_y$	$\leqslant 11\theta_y$	$\leqslant 16\theta_y$	$> 16\theta_y$

注：本表仅适用于不出现剪切屈曲的加劲钢板墙，θ_y 为钢板墙剪切屈服时的剪切变形角。

综合上述分析，本工程加劲钢板墙的性能目标如表 6-11 所示。

加劲钢板墙性能目标　　　　　　表 6-11

构件类型	多遇地震水准		罕遇地震水准	
	性能水准等级	应力比	性能水准等级	变形
加劲钢板墙	1 级（无损坏）	$\leqslant 0.9$	4 级（中度损坏）	$\leqslant 11\theta_y$

6.3.2.4 阻尼墙子结构

黏滞阻尼墙由钢制箱体、内钢板和黏滞阻尼材料组成，常见的黏滞阻尼墙产品形式如图 6-8 所示。钢箱固定在下层楼面梁上，内钢板固定在上层楼面梁底，钢箱内为黏滞阻尼材料。在地震或风载荷作用下，结构楼层之间产生相对位移，固定于上层楼面梁的内钢板在钢箱内往复运动，使钢箱内黏滞阻尼材料发生剪切变形，从而通过阻尼材料的内摩擦力消耗振动能量，实现减小结构地震或风致响应的目的。

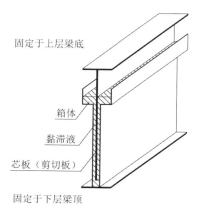

图 6-8　黏滞阻尼墙

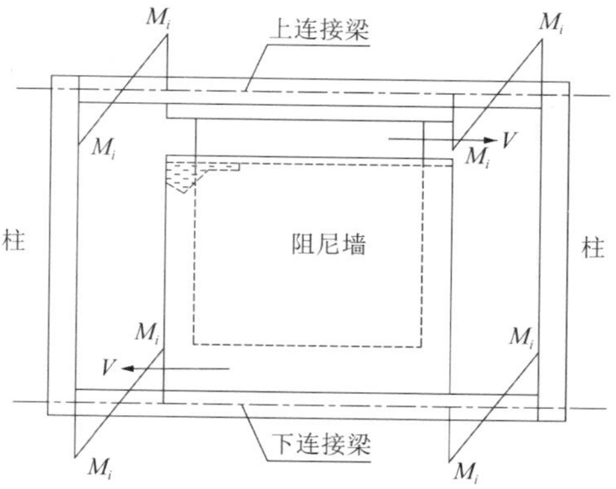

图 6-9　黏滞阻尼墙与上下连梁构件受力简图

黏滞阻尼墙与上下连接梁构件共同构成阻尼墙子结构，其受力简图如图 6-9 所示。

上下连接梁在地震作用下承受较大的剪力与弯矩，当上下连接梁塑性变形较大时，将造成阻尼墙钢板之间发生旋转错位（图 6-10），因此设计中需控制上下连接梁的塑性变形程度，从而避免影响阻尼墙力学性能，设定相应性能水准等级为 3 级（轻度损坏）；同时，上下连接

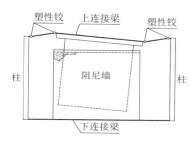

图 6-10　阻尼墙钢板旋转错位

梁的截面等级不宜过低，以防板件发生局部失稳而过早进入塑性，本工程选用 S1 截面。对于黏滞阻尼墙本身，要求变形不超过产品设计限值（本工程采用阻尼墙产品的剪切变形设计值为 60mm）。阻尼墙子结构性能目标见表 6-12，其中连接梁变形参考本书提出的构件性能评价准则（表 5-4）。

阻尼墙子结构性能目标　　　　　　　　　　　　　　　　表 6-12

构件类型	多遇地震水准		罕遇地震水准	
	性能水准等级	应力比	性能水准等级	变形
上下连接梁	1 级（无损坏）	≤ 0.85	3 级（轻度损坏）	≤ $8\varepsilon_y$
阻尼墙	剪切变形 ≤ 60mm			

6.4　结构初步设计

基于上述设计理念，对结构完成初步设计，同时根据结构在多遇地震和罕遇地震下的性能评价结果进行反馈调整，直至满足预设性能目标。最终设计结构中的主要构件信息见表 6-13 与表 6-14，黏滞阻尼墙力学参数见表 6-15。

主要竖向构件尺寸与材料 表 6-13

楼层号	圆钢管混凝土柱		方钢管混凝土柱		加劲钢板墙	
	截面/mm	材料	截面/mm	材料	厚度/mm	材料
1～6	$\phi1000 \times 30$	C60 + Q355	□900 × 50	C60 + Q355	20	Q355
7～13	$\phi900 \times 25$	C60 + Q355	□800 × 35	C60 + Q355	18	Q355
14～20	$\phi800 \times 20$	C60 + Q355	□700 × 30	C60 + Q355	16	Q355
21～27	$\phi700 \times 20$	C50 + Q355	□600 × 30	C50 + Q355	14	Q355
28～33	$\phi650 \times 20$	C40 + Q355	□500 × 25	C40 + Q355	12	Q355

注：跃层柱截面尺寸为$\phi1200 \times 30$。

主要水平构件尺寸 表 6-14

钢框架梁	钢连梁	钢悬臂梁	阻尼墙上下连接梁
截面/mm	截面/mm	截面/mm	截面/mm
H700 × 400 × 14 × 30 H600 × 250 × 12 × 20 □700 × 400 × 14 × 25 □600 × 300 × 12 × 30 □600 × 300 × 12 × 25	H900 × 350 × 20 × 35	H600 × 250 × 10 × 20 □600 × 250 × 10 × 25	H900 × 350 × 25 × 35

注：钢材为 Q355 级，钢框架梁、钢连梁与阻尼墙连接梁截面等级为 S1 级，钢悬臂梁截面等级为 S2 级。

黏滞阻尼墙力学参数 表 6-15

参数	阻尼墙型号	
	VFW-1200	VFW-850
阻尼力/kN	1200	850
阻尼系数/[kN/(m/s)$^\alpha$]	2800	2000
阻尼指数α	0.45	0.45
行程	±60	±60
个数	76	16

6.5 多遇地震水准性能评价

6.5.1 分析模型及计算方法

图 6-11 所示为多遇地震下的结构分析模型，其中黏滞阻尼墙的性能采用非线性时程分析方法考虑，主要流程如图 6-12 所示，结构等效地震作用取为 7 组地震波计算得到的层剪力包络值，位移采用平均值。

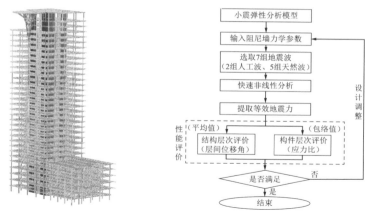

图 6-11　多遇地震下结构分析模型　　图 6-12　多遇地震水准性能评价流程

钢板墙为薄壁构件，在发生较大变形时易发生局部屈曲，影响其抗侧刚度与承载力，通常需要在模型中引入初始缺陷以准确模拟其力学性能。本工程中采用设置水平与竖向加劲肋等构造措施，降低局部屈曲影响。通过精细有限元对本工程中的加劲钢板墙进行分析，结果表明即使初始缺陷幅值取高度的 1/300（《钢结构工程施工质量验收标准》GB 50205—2020[128]要求不超过 1/1000），初始缺陷对钢板墙的应力分布、承载力和侧向刚度影响均较小（图 6-13、图 6-14）。因此在结构整体模型中，本书为提高建模与计算效率，不考虑钢板墙的初始缺陷。

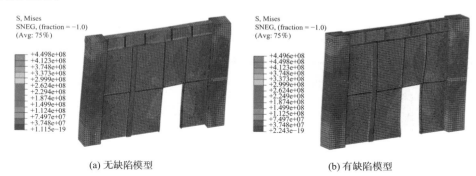

(a) 无缺陷模型　　　　　　　　　　　　　　　　　(b) 有缺陷模型

图 6-13　加劲钢板墙子结构应力分布图

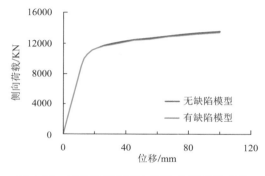

图 6-14　加劲钢板墙侧向荷载-位移曲线对比

本工程黏滞阻尼墙可采用阻尼单元模拟其力学性能。由于阻尼墙为二维受力构件，当采用如图 6-15 所示方法，即仅采用单个阻尼单元模拟阻尼墙时，上下连接梁构件内力分布与实际情况不符；因此，如图 6-16 所示，本书采用多个并联阻尼单元模拟阻尼墙，以实现对阻尼墙子结构受力性能的准确模拟。

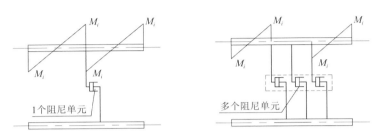

图 6-15　单个连接单元模拟阻尼墙　　图 6-16　多个并联连接单元模拟阻尼墙

6.5.2　结构层次性能评价

结构前三阶振型周期见表 6-16，振型如图 6-17 所示。

表 6-16

结构前三阶振型周期

指标	分量	数值
	Y 向平动（T_1）	4.93
周期	X 向平动（T_2）	4.35
	扭转（T_3）	3.63

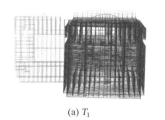 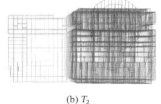 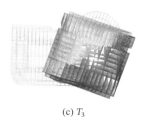

(a) T_1　　　　　　　　(b) T_2　　　　　　　　(c) T_3

图 6-17　结构前三阶振型示意图

本工程在多遇地震水准下的结构层次性能评价结果见表 6-17，指标满足预设性能目标要求。

表 6-17

多遇地震水准下结构层次性能评价结果

项目		计算值	性能目标要求		是否满足
			性能水准等级	限值	
层间位移角	X 方向	1/325	1 级（无损坏）	1/300	是
	Y 方向	1/327			是

6.5.3　构件层次性能评价

竖向构件是最为重要的结构构件，本书以首层圆钢管混凝土柱为例，阐述结构构件的计算方法与评价结果。首层圆钢管混凝土柱编号如图 6-18 所示，其中 7 号、9 号、11 号、14 号、15 号和 16 号柱为跃层柱，总长度为 16.2m，其余圆钢管混凝土柱长度为首层层高 5.4m。

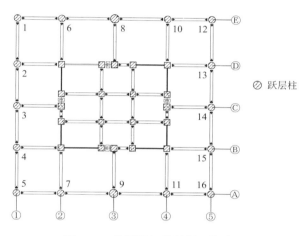

图 6-18　首层圆钢管混凝土柱编号

多遇地震水准下圆钢管混凝土柱构件内力设计值及验算结果见表 6-18，应力比最大值为 0.71 < 0.85，均满足性能目标要求。

多遇地震水准下圆钢管混凝土柱构件内力设计值及验算结果　　表 6-18

编号	构件类型	截面/mm	轴力N/kN	M_x/(kN·m)	M_y/(kN·m)	应力比
1	非跃层柱	$\phi1000 \times 30$	34374	3072	1206	0.60
2	非跃层柱	$\phi1000 \times 30$	36561	3194	595	0.62
3	非跃层柱	$\phi1000 \times 30$	36702	2692	80	0.68
4	非跃层柱	$\phi1000 \times 30$	36528	3271	563	0.63
5	非跃层柱	$\phi1000 \times 30$	32963	3214	1436	0.59
6	非跃层柱	$\phi1000 \times 30$	39810	4778	1831	0.61
7	跃层柱	$\phi1200 \times 30$	36776	3819	1261	0.61
8	非跃层柱	$\phi1000 \times 30$	49639	4429	1802	0.71
9	跃层柱	$\phi1200 \times 30$	38756	3623	1149	0.62
10	非跃层柱	$\phi1000 \times 30$	40298	3759	689	0.68
11	跃层柱	$\phi1200 \times 30$	36753	3947	969	0.61
12	非跃层柱	$\phi1000 \times 30$	33105	3663	1025	0.59
13	非跃层柱	$\phi1000 \times 30$	35263	2936	825	0.60

编号	构件类型	截面/mm	轴力N/kN	M_x/(kN·m)	M_y/(kN·m)	应力比
14	跃层柱	$\phi1200 \times 30$	33575	3992	180	0.57
15	跃层柱	$\phi1200 \times 30$	34349	3969	766	0.58
16	跃层柱	$\phi1200 \times 30$	30915	3946	1314	0.54

注：轴力N以受压方向为正值。

因篇幅所限，其他构件计算评价过程省略，表6-19为本工程多遇地震水准下结构构件性能评价结果，各类构件均满足6.3节设定的性能目标要求。

多遇地震水准下结构构件性能评价结果   表6-19

构件类型	验算项目	计算值	性能目标要求		是否满足
			性能水准等级	限值	
外框架柱	应力比	0.71		0.85	是
核心筒钢板墙边框柱	应力比	0.83		0.85	是
重力柱	应力比	0.81		0.85	是
钢连梁	应力比	0.95		1.0	是
钢框架梁	应力比	0.82	1级（无损坏）	0.85	是
钢次梁	应力比	0.86		0.90	是
钢悬臂梁	应力比	0.79		0.85	是
加劲钢板墙	应力比	0.80		0.90	是
阻尼墙上下连梁	应力比	0.80		0.85	是

6.6 罕遇地震水准性能评价

6.6.1 分析模型及计算方法

图6-19所示为罕遇地震下的结构弹塑性分析模型。模型中梁、柱构件采用纤维单元模拟，加劲钢板墙采用二维非线性壳单元模拟，黏滞阻尼墙采用3个阻尼单元模拟，如图6-20所示。

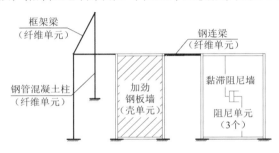

图6-19　结构弹塑性分析模型　　　　图6-20　结构建模示意图

将结构重力荷载代表值（1.0 恒荷载 + 0.5 活荷载）作为初始荷载，并基于初始荷载作用下的结构力学状态进行后续地震作用下的动力分析。

在选择输入地震波时，综合考虑地震波峰值、频谱特性和持续时间等多方面因素，具体表现为：1）地震波的峰值根据抗震设防烈度调整；2）选取结构特征周期点的加速度反应与规范设计谱相近的地震波；3）地震波的长度满足结构位移在地震持续时间内往复 5 次以上。本工程共选取 3 条地震波进行罕遇地震水准下的结构抗震性能包络设计，包括 1 条人工波与 2 条天然波，地震波时程如图 6-21 所示。

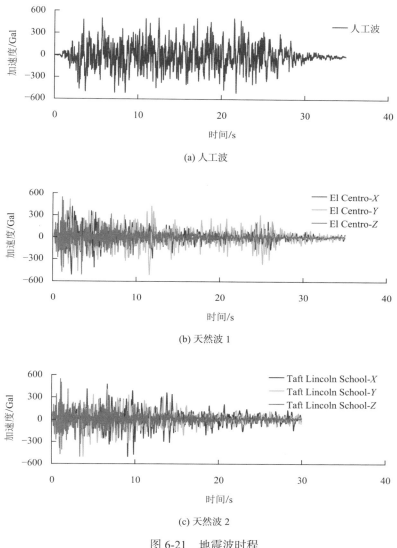

(a) 人工波

(b) 天然波 1

(c) 天然波 2

图 6-21　地震波时程

为准确模拟速度相关型黏滞阻尼墙的地震响应，本书选用动力弹塑性分析方法进行罕遇地震水准下的结构分析，进而进行结构性能评价，流程如图 6-22 所示。

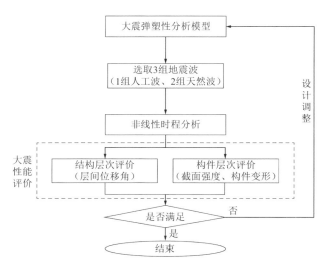

图 6-22　罕遇地震水准性能评价流程

6.6.2　结构层次性能评价

根据设定的性能目标要求，本工程在罕遇地震水准下需评价的结构层次指标主要为层间位移角与残余层间位移角。图 6-23 和图 6-24 为天然波 1 激励下，结构层间位移角和残余层间位移角的楼层分布图，可见两者分布规律不同，以结构 Y 向为例，结构最大层间位移角发生在第 2 层，主要是由于结构 1～3 层设置有跃层柱，侧向刚度小于其他楼层。最大残余层间位移角发生在第 11 层，主要是由于跃层柱通过加强有较好的震后变形恢复能力，而不同楼层构件根据实际需求采用了不同的截面尺寸，震后可恢复的弹性变形有所区别。但各楼层残余变形均小于预设控制值 0.5%，也远小于 TBI-2017 规定的 1.5%。

基于三组地震波计算结果的包络值，得到如表 6-20 所示罕遇地震下结构层次性能评价结果，可见层间位移角与残余层间位移角均满足表 6-6 的性能目标要求。

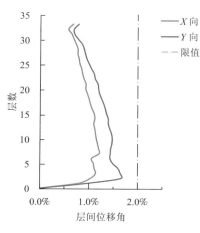

图 6-23　结构层间位移角

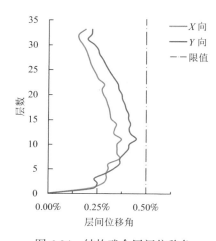

图 6-24　结构残余层间位移角

罕遇地震水准下结构层次性能评价结果　　表 6-20

项目		计算值	性能目标要求		是否满足
			性能水准等级	限值	
层间位移角	X方向	1/83	5级（比较严重损坏）	1/50	是
	Y方向	1/61			是
残余层间位移角	X方向	1/282		1/200	是
	Y方向	1/235			是

注：统计结果基于三组地震波的包络值。

6.6.3　构件层次性能评价

6.6.3.1　钢管混凝土柱性能评价

弹塑性分析结果表明，罕遇地震水准下钢管混凝土柱塑性发展主要集中于底部楼层，因此本节以首层柱为例，进行钢管混凝土柱的性能评价，分析各类柱的损坏状态是否满足预设性能目标以及多道抗震防线的设计要求。

根据表 6-7 钢管混凝土柱评价准则，首层钢管混凝土柱损坏等级分布如图 6-25 所示。可见外框架柱塑性发展程度较低，其中跃层柱均处于无损坏状态，其余单层外框架柱处于轻微损坏状态；核心筒钢板墙边框柱塑性应变发展程度明显高于外框架柱，其中约 20% 进入中度损坏状态，表明核心筒作为第一道抗震防线首先进入屈服状态，充分发挥塑性耗能作用；重力柱主要承担重力荷载，在地震下塑性发展程度较低，处于无损坏～轻微损坏状态。

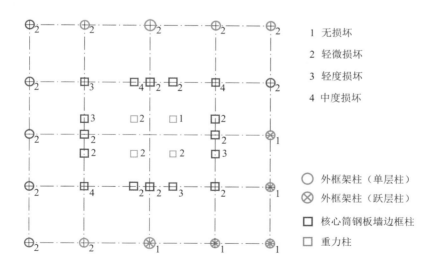

图 6-25　首层钢管混凝土柱塑性应变分布与损坏等级

各类柱性能评价结果汇总于表 6-21，瞬时轴压比与位移计算结果均可满足表 6-8 的预设性能目标要求。

钢管混凝土柱性能评价结果　　　　　　表 6-21

构件类型		性能水准等级	轴压比[1]	瞬时轴压比[2]		位移		是否满足
				计算值	限值	计算值	限值	
外框架柱	非跃层柱	3 级（轻度损坏）	0.45	0.59	0.85	$1.21\delta_y$	$6\delta_y$	是
	跃层柱	3 级（轻度损坏）	0.45	0.62	0.85	$0.85\delta_y$	$1.5\delta_y$	是
钢板墙边框柱		4 级（中度损坏）	0.50	0.95	1.0	$4.18\delta_y$	$5.5\delta_y$	是
重力柱		2 级（轻微损坏）	0.50	0.65	1.0	$1.12\delta_y$	$2.5\delta_y$	是

注：1. 该项为初始重力荷载（1.0D + 0.5L）下的轴压比。
　　2. 该项为考虑地震作用组合的最大轴压比。

6.6.3.2 钢梁性能评价

钢梁的计算结果表明，罕遇地震作用下位于中间楼层的钢梁塑性应变发展最为显著，而位于下部楼层与上部楼层的钢梁塑性应变相对较小，这与超高层框架-核心筒结构受力特点相符合[129]。选择包含各种类型构件的 4 轴线框架为例进行分析，可绘制出该轴线连梁塑性应变沿楼层分布如图 6-26 所示，可见大部分钢连梁均进入塑性状态，表明其作为结构主要耗能构件，充分发挥了耗能作用。

根据本书提出的受弯与压弯钢构件性能评价准则（表 5-4），可得各类钢梁性能评价结果见表 6-22，可见钢连梁塑性发展程度较高，钢框架梁次之，而钢悬臂梁未出现塑性变形，与预设的钢梁性能目标相吻合，且均满足表 6-9 的预设性能目标限值要求。

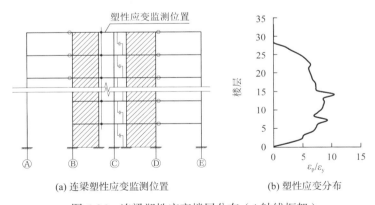

(a) 连梁塑性应变监测位置　　　　　　(b) 塑性应变分布

图 6-26　连梁塑性应变楼层分布（4 轴线框架）

钢梁性能评价结果　　　　　　表 6-22

构件类型	性能水准等级	截面等级	塑性应变	应变	应变限值	是否满足
钢连梁	5 级（比较严重损坏）	S1	$11.60\varepsilon_y$	$12.60\varepsilon_y$	$15\varepsilon_y$	是
钢框架梁	4 级（中度损坏）	S1	$8.29\varepsilon_y$	$9.29\varepsilon_y$	$12\varepsilon_y$	是
钢悬臂梁	2 级（轻微损坏）	S2	0	$0.85\varepsilon_y$	$2.5\varepsilon_y$	是

6.6.3.3　加劲钢板墙性能评价

图 6-27 为 4 轴线框架的加劲钢板墙沿楼层的塑性剪切变形角分布，可见在罕遇地震水准下，下部楼层钢板墙塑性发展更为显著。根据表 6-10 加劲钢板墙的性能评价准则，可得加劲钢板墙性能评价结果见表 6-23，剪切变形角限值满足表 6-11 的预设性能目标。

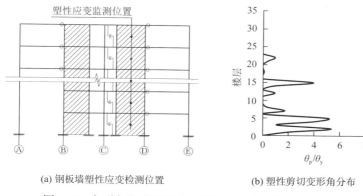

(a) 钢板墙塑性应变检测位置　　　　(b) 塑性剪切变形角分布

图 6-27　加劲钢板墙塑性应变楼层分布（4 轴线框架）

加劲钢板墙性能评价结果　　　　表 6-23

构件类型	性能水准等级	塑性剪切变形角	剪切变形角	剪切变形角限值	是否满足
加劲钢板墙	4 级（中度损坏）	$5.70\theta_y$	$6.70\theta_y$	$11\theta_y$	是

6.6.3.4　阻尼墙子结构性能评价

按照预设性能目标要求，阻尼墙子结构性能水平由阻尼墙与其上下连接梁共同决定。弹塑性分析结果表明，连接梁不超过轻度损坏状态，表明连接梁在罕遇地震水准下没有显著的塑性变形，地震作用可有效传递至阻尼墙，发挥阻尼墙子结构的耗能机制。

图 6-28 和图 6-29 分别为 4 轴线黏滞阻尼墙输出力与输出变形最大值沿楼层的分布情况，可见输出力最大值沿楼层分布较为均匀，而输出变形最大值分布规律与连梁塑性应变的分布规律类似，呈现中间楼层变形大，底部和顶部楼层变形小的规律。图 6-30 为某典型阻尼墙在地震作用下的滞回曲线，由于每个阻尼墙均由 3 个连接单元模拟，图中位移取连接单元位移平均值，力取连接单元的合力，可见阻尼墙滞回曲线饱满，减震耗能效果良好。

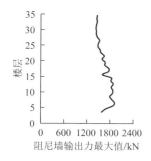

图 6-28　阻尼墙输出力最大值楼层分布

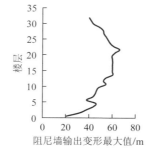

图 6-29　阻尼墙输出变形最大值楼层分布

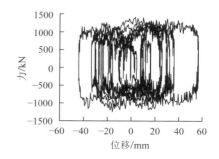

图 6-30　典型阻尼墙滞回曲线

阻尼墙子结构性能评价结果见表 6-24，上下连接梁应变与阻尼墙变形均满足表 6-12 的预设性能目标要求。

阻尼墙子结构性能评价结果 表 6-24

构件类型	性能水准等级	截面等级	应变/变形	应变/变形限值	是否满足
上下连接梁	3 级（轻度损坏）	S1	$5.37\varepsilon_y$	$8\varepsilon_y$	是
阻尼墙	—		50mm	60mm	是

6.6.3.5 构件性能评价统计结果

表 6-25 为罕遇地震水准下构件性能目标及性能评价统计结果，可见所有构件均能满足预设的性能目标要求。从构件损坏程度看，钢连梁、钢框架梁、加劲钢板墙等主要耗能构件损坏程度较高，表明其在地震下有较为充分的塑性发展，耗能减震效果显著。

罕遇地震水准下构件性能目标及性能评价统计结果 表 6-25

构件类型		评价指标	计算值	性能目标要求		是否满足
				性能水准等级	限值	
柱	外框架柱（非跃层柱）	侧向位移	$1.21\delta_y$	3 级（轻度损坏）	$6\delta_y$	是
	外框架柱（跃层柱）	侧向位移	$0.85\delta_y$	3 级（轻度损坏）	$1.5\delta_y$	是
	核心筒钢板墙边框柱	侧向位移	$4.18\delta_y$	4 级（中度损坏）	$5.5\delta_y$	是
	重力柱	侧向位移	$1.12\delta_y$	2 级（轻微损坏）	$2.5\delta_y$	是
梁	钢连梁	总应变	$12.6\varepsilon_y$	5 级（比较严重损坏）	$15\varepsilon_y$	是
	钢框架梁	总应变	$9.29\varepsilon_y$	4 级（中度损坏）	$12\varepsilon_y$	是
	钢悬臂梁	总应变	$0.85\varepsilon_y$	2 级（轻微损坏）	$2.5\varepsilon_y$	是
墙	加劲钢板墙	剪切应变	$6.70\theta_y$	4 级（中度损坏）	$11\theta_y$	是
	阻尼墙连接梁	总应变	$5.37\varepsilon_y$	3 级（轻度损坏）	$8\varepsilon_y$	是
	阻尼墙	位移	50mm	变形不超过设计值	60mm	是

6.7 结构抗震性能分析

本书改进方法将包含新技术和新体系的钢结构成功应用于高烈度地区高层民用建筑，结构整体与各类结构构件均能满足预设性能目标要求。其中结构中黏滞阻尼墙的设计应用，可有效降低多遇地震下结构顶点位移与加速度响应幅值，同时帮助结构响应在更短时间内趋于稳定，如图 6-31 所示，保证结构良好的使用性能；相比传统混凝土方案，应用该新型结构体系，如表 6-26 所示，在造价基本持平的前提下，可实现构件尺寸大幅减小，显著增高建筑空间利用率，体现了钢结构在多高层民用建筑中的应用优势。

为进一步分析该新型结构体系的抗震性能，以验证本书改进抗震性能化设计方法的可靠性和先进性，以 4 轴线单榀结构为例，对该结构在罕遇地震下的塑性变形发展与构件损坏分布规律进行探讨。图 6-32 为结构 4 轴线单榀结构示意图，结构包括两跨加劲钢板墙与一跨黏滞阻尼墙子结构，其余跨均为框架。其中，A 轴线钢管混凝土柱 1～3 层为跃层柱，边跨梁与加劲钢板墙连接为铰接。

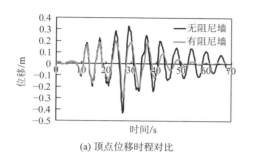

(a) 顶点位移时程对比

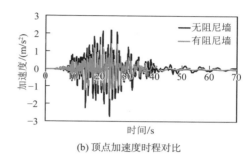

(b) 顶点加速度时程对比

图 6-31　结构顶点地震响应对比

传统混凝土方案与本方案构件尺寸对比　　　　　　　　　　　　表 6-26

指标		传统钢筋混凝土方案	现有方案
主要构件尺寸	外框柱/mm	1600 × 1800	ϕ1200 × 30 ϕ1000 × 30
	核心筒剪力墙/mm	1000 厚混凝土剪力墙	20 厚加劲钢板墙 +□900 × 50 内筒柱
总造价		100%	105%

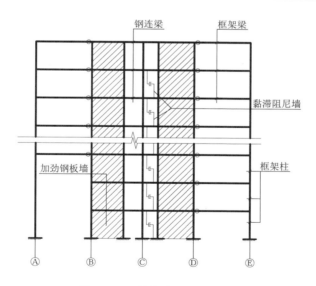

图 6-32　4 轴线单榀结构示意图

　　4 轴线结构在罕遇地震下的塑性发展过程示意如图 6-33 所示，经历了以下几个阶段：

　　（1）在地震发展到 5s 时，中下部楼层连梁首先开始出现塑性铰，而其余构件中仅个别首层柱及钢板墙出现塑性变形；

（2）在地震发展到 10s 时，连梁与框架梁塑性铰沿全楼层发展，下部楼层与中部楼层的加劲钢板墙与框架柱出现少量塑性铰；

（3）在地震发展到 15s 时，连梁塑性铰发展趋于稳定，而框架梁、框架柱与加劲钢板墙塑性铰继续增多；

（4）在地震发展到 20s 后，结构塑性发展基本趋于稳定。地震结束后，结构塑性主要分布于全楼连梁与框架梁端部，以及下部楼层与部分中部楼层的框架柱与加劲钢板墙。

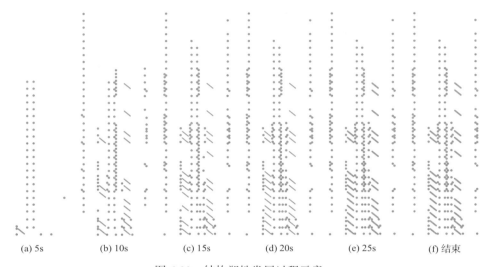

图 6-33　结构塑性发展过程示意

通过结构构件的塑性发展过程可见，采用本书抗震性能化设计改进方法，基于构件性能目标的合理细化，实现了以"加劲钢板墙 + 黏滞阻尼墙核心筒"为第一道抗震防线，以"钢管混凝土框架柱 + 钢框架梁"为第二道抗震防线的设计理念，并实现了连梁、钢板墙、框架梁等耗能构件率先屈服，框架柱等竖向构件后屈服的理想屈服机制，保证了该新型结构体系可靠的抗震性能。

6.8　本章小结

本章基于本书提出的抗震性能化设计改进方法，针对高烈度地区采用钢框架-钢板墙核心筒+黏滞阻尼墙体系的结构，通过细化多道设防及合理屈服机制的概念设计，以及分层分级确定结构与构件在不同地震水准下的性能水准等级，明确了整个结构完整细化的性能目标；采用快速非线性分析与动力弹塑性分析方法，对多遇地震与罕遇地震水准下结构的性能表现准确分析；结合本书钢构件性能评价准则的研究成果和相关研究资料，建立了结构与各类构件的性能评价准则，进而完成结构与构件定量的抗震性能评价。最终突破现有规范中对于新技术和新体系应用的限制，成功实现了本工程的抗震设计，该工程项目于2023 年 5 月成功投入使用，验证了本书方法的适用性。

对结构在罕遇地震下的塑性发展与构件损坏分布规律的研究表明，基于本书改进方法设计完成的结构，抗震性能良好，罕遇地震下具有理想的屈服顺序，实现了多道抗震防线的设计理念。项目同时实现了良好的使用性能与经济性，充分体现了钢结构在多高层民用建筑中的应用优势，验证了本书方法的可靠性和先进性。

此外，对该项目进行了抗震韧性评价，详见附录 B[130]。

第 7 章
结论与展望

7.1 结论

本书通过对比分析国内外已有的抗震性能化设计方法，总结了我国现有的主要规范标准中性能化设计方法的不足，并基于抗震性能化设计本质要求及钢结构设计应用特点，提出了多高层钢结构抗震性能化设计的改进方法；通过理论分析、试验研究和有限元模拟等方法，对 H 形截面受弯和压弯钢构件的延性进行了系统的研究，建立了受弯与压弯钢构件基于应变的性能评价准则；最后以某高烈度区高层减震钢结构项目为例，详细论述了本书抗震性能化设计改进方法的应用流程和特点，得到以下主要结论与建议：

（1）我国现行规范中钢结构的抗震性能化设计方法，在设计思路、性能目标选取、分析方法和适用范围等多方面的规定尚不统一，而应用中在满足性能目标要求的基础上，仍需满足大多数传统规范设计法中要求的抗震措施，实质上属于为达到更高性能要求的补充设计方法，未形成完备的抗震性能化设计体系，同时缺少针对构件变形的性能评价准则。

（2）本书提出的多高层钢结构抗震性能化设计改进方法，遵循我国"两阶段"抗震设计思路，但不局限于特定的设防水准，而是根据结构全生命周期具体性能需求，按正常使用阶段和极限性能阶段个性化设置，释放原三水准最低要求，可适应和满足更高抗震性能需求。

（3）本书方法对概念设计、性能目标设定和计算分析等方面提出多项改进措施，包括强调在概念设计阶段融入抗震性能化设计思想，细化受力体系和屈服机制等结构整体性能的设计策略；性能目标设定时对结构和构件直接以预期性能水准等级分层分级灵活设置；明确对进入塑性状态的结构必须采用弹塑性分析，以真实、全面地反映结构与构件在地震作用下的力学响应。

（4）本书改进方法将性能评价体系明确区分为结构层次与构件层次，对于构件层次，根据构件力-变形曲线特点将作用于构件的效应划分为"力控制"效应与"变形控制"效应，对"力控制"效应基于承载力验算，对"变形控制"效应基于变形定量分析，以实现对不同性能预期构件完成有针对性的性能评价。

（5）基于具有不同截面等级（S1～S4）与轴压比（0～0.6）的22个典型截面构件在低周反复荷载作用下的试验研究和366个有限元模型的参数化分析，对H形截面受弯和压弯钢构件的延性完成了系统的研究；分析表明钢构件在循环加载下易形成明显集中的塑性区，本书据此提出"等效塑性区"概念，并推导了等效塑性区平均曲率（等效曲率）和边缘最大应变（等效应变）的计算方法以用于表征塑性变形；定义弦转角、曲率和应变延性系数作为表征钢构件延性的主要指标，三类指标中，仅应变延性系数可直接反映构件延性随轴压比增大而降低的真实趋势，更适合工程应用。

（6）构件截面翼缘宽厚比、腹板高厚比和轴压比均会影响钢构件的变形能力，且翼缘宽厚比与腹板高厚比相互影响，存在耦合作用；通过回归分析得到受弯与压弯钢构件在对称循环加载条件下的应变延性系数计算式；同时考虑地震作用随机性，对比分析了对称循环加载和倒塌一致性加载两种加载制度下构件延性的差异，进而修正基于循环加载的分析结果，提出了地震作用下H形截面受弯与压弯钢构件极限应变建议值。

（7）基于无损坏、轻微损坏、轻度损坏、中等损坏、比较严重损坏和严重损坏六个构件损坏等级，对应于现行《钢标》中不同类型截面等级，同时结合不同轴压比分级，建立了H形截面受弯与压弯钢构件基于应变的性能评价准则，并对其应用于箱形截面构件的可靠性进行了验证，该成果已纳入《性能化设计标准》。基于某钢框架算例，阐述了本书基于应变性能评价准则的应用方法，并与采用美国FEMA 356中基于转角的性能评价方法进行了对比，结果表明两者具有一致性，而基于应变进行性能评价具有不受荷载和边界条件影响的优点，更易于工程应用。

（8）应用本书方法对某高烈度高层减震钢结构项目完成了全过程的抗震性能化设计，突破现有规范中对于新技术和新体系的限制，成功实现了分层分级预设的各项抗震性能目标，实现多道抗震防线设计理念和两阶段设防水准要求。设计结果表明结构具有优异的抗震性能、良好的使用性能及经济性，验证了本书方法的适用性、可靠性和先进性，可为抗震性能化设计在我国多高层钢结构中的应用提供重要参考，使钢结构良好的抗震性能在应用中，尤其是高烈度地区中得以充分实现。

7.2　展望

本书结合我国工程实际及已有经验，对现有多高层钢结构的性能化设计方法进行了改进，并对性能化设计中涉及的钢构件性能评价准则展开了有益的探索。但基于性能的抗震设计是一个庞大的体系，因作者时间和精力所限，仍有以下问题需要进一步研究，以促进该方法的推广应用：

（1）对于本书提出的抗震性能化设计改进方法的应用及具体技术要点，尚需编制相应的规范标准以指导设计；对于地震波的选择与输入需求，尚需进一步研究以建立统一的地震波库，以保证应用中输入地震作用的准确性和规范化。

（2）本书建立的钢构件性能评价准则主要基于 H 形截面受弯和压弯构件的研究成果，同时对其应用于典型箱形截面构件的可靠性进行了初步研究，该评价准则对于其他设计参数构件的普遍适用性还需通过试验与分析进一步验证。此外，对于圆钢管等其他截面形式，以及钢支撑等其他受力类型构件的性能评价准则研究也有待进一步开展。

（3）采用本书提出的改进型抗震性能化设计方法时，当结构设计不满足性能目标要求或者满足性能目标要求但结构安全性有较多富余时，需要调整设计并重新进行性能评价，存在设计与结果两者之间反复迭代优化的过程。随着计算机运算能力的不断增强，可进一步开发基于优化算法等先进技术的性能化设计程序，实现结构自动生成式设计以及自动迭代优化，以更好地提升设计效率。

（4）结构和构件的性能目标多样，本书仅针对应用中的基本性能目标进行了研究探讨，对包括非结构构件在内的结构损坏有量化修复代价要求，或对结构有倒塌率控制要求等更高的性能目标，尚有待开展进一步研究。

附 录

附录 A 参数分析构件计算结果

<table>
<tr><td colspan="10">参数分析构件计算结果汇总表</td><td>附表 A-1</td></tr>
<tr><td rowspan="2">构件编号</td><td rowspan="2">截面尺寸/mm
$H \times B \times t_w \times t_f$</td><td rowspan="2">截面
等级</td><td rowspan="2">腹板
高厚比η_w</td><td rowspan="2">翼缘宽厚比η_f</td><td rowspan="2">轴压
比n</td><td colspan="3">延性系数</td></tr>
<tr><td>μ_θ</td><td>μ_φ</td><td>μ_ε</td></tr>
<tr><td>FE-30-5-0</td><td>$324.2 \times 211.1 \times 11.1 \times 24.2$</td><td>S1</td><td>30</td><td>5</td><td>0</td><td>8.2</td><td>14.2</td><td>14.2</td></tr>
<tr><td>FE-30-5-0.2</td><td>$324.2 \times 211.1 \times 11.1 \times 24.2$</td><td>S1</td><td>30</td><td>5</td><td>0.2</td><td>3.9</td><td>8.2</td><td>6.5</td></tr>
<tr><td>FE-30-5-0.4</td><td>$324.2 \times 211.1 \times 11.1 \times 24.2$</td><td>S1</td><td>30</td><td>5</td><td>0.4</td><td>3.6</td><td>7.1</td><td>4.3</td></tr>
<tr><td>FE-30-5-0.6</td><td>$324.2 \times 211.1 \times 11.1 \times 24.2$</td><td>S1</td><td>30</td><td>5</td><td>0.6</td><td>4.1</td><td>8.0</td><td>3.2</td></tr>
<tr><td>FE-30-6-0</td><td>$320.2 \times 211.3 \times 11.3 \times 20.2$</td><td>S1</td><td>30</td><td>6</td><td>0</td><td>7.1</td><td>12.4</td><td>12.4</td></tr>
<tr><td>FE-30-6-0.2</td><td>$320.2 \times 211.3 \times 11.3 \times 20.2$</td><td>S1</td><td>30</td><td>6</td><td>0.2</td><td>3.4</td><td>7.4</td><td>5.9</td></tr>
<tr><td>FE-30-6-0.4</td><td>$320.2 \times 211.3 \times 11.3 \times 20.2$</td><td>S1</td><td>30</td><td>6</td><td>0.4</td><td>3.2</td><td>6.6</td><td>3.9</td></tr>
<tr><td>FE-30-6-0.6</td><td>$320.2 \times 211.3 \times 11.3 \times 20.2$</td><td>S1</td><td>30</td><td>6</td><td>0.6</td><td>3.8</td><td>7.2</td><td>2.9</td></tr>
<tr><td>FE-30-7-0</td><td>$317.3 \times 211.4 \times 11.4 \times 17.3$</td><td>S1</td><td>30</td><td>7</td><td>0</td><td>6.3</td><td>11.9</td><td>11.9</td></tr>
<tr><td>FE-30-7-0.2</td><td>$317.3 \times 211.4 \times 11.4 \times 17.3$</td><td>S1</td><td>30</td><td>7</td><td>0.2</td><td>3.3</td><td>6.8</td><td>5.4</td></tr>
<tr><td>FE-30-7-0.4</td><td>$317.3 \times 211.4 \times 11.4 \times 17.3$</td><td>S1</td><td>30</td><td>7</td><td>0.4</td><td>2.7</td><td>5.0</td><td>3.0</td></tr>
<tr><td>FE-30-7-0.6</td><td>$317.3 \times 211.4 \times 11.4 \times 17.3$</td><td>S1</td><td>30</td><td>7</td><td>0.6</td><td>3.5</td><td>6.1</td><td>2.4</td></tr>
<tr><td>FE-30-8-0</td><td>$315.1 \times 211.5 \times 11.5 \times 15.1$</td><td>S1</td><td>30</td><td>8</td><td>0</td><td>5.6</td><td>9.0</td><td>9.0</td></tr>
<tr><td>FE-30-8-0.2</td><td>$315.1 \times 211.5 \times 11.5 \times 15.1$</td><td>S1</td><td>30</td><td>8</td><td>0.2</td><td>4.0</td><td>10.4</td><td>8.3</td></tr>
<tr><td>FE-30-8-0.4</td><td>$315.1 \times 211.5 \times 11.5 \times 15.1$</td><td>S1</td><td>30</td><td>8</td><td>0.4</td><td>3.1</td><td>7.5</td><td>4.5</td></tr>
<tr><td>FE-30-8-0.6</td><td>$315.1 \times 211.5 \times 11.5 \times 15.1$</td><td>S1</td><td>30</td><td>8</td><td>0.6</td><td>3.2</td><td>5.6</td><td>2.2</td></tr>
<tr><td>FE-30-9-0</td><td>$313.5 \times 211.6 \times 11.6 \times 13.5$</td><td>S1</td><td>30</td><td>9</td><td>0</td><td>5.0</td><td>8.7</td><td>8.7</td></tr>
<tr><td>FE-30-9-0.2</td><td>$313.5 \times 211.6 \times 11.6 \times 13.5$</td><td>S1</td><td>30</td><td>9</td><td>0.2</td><td>3.0</td><td>6.8</td><td>5.4</td></tr>
<tr><td>FE-30-9-0.4</td><td>$313.5 \times 211.6 \times 11.6 \times 13.5$</td><td>S1</td><td>30</td><td>9</td><td>0.4</td><td>3.0</td><td>6.7</td><td>4.0</td></tr>
<tr><td>FE-30-9-0.6</td><td>$313.5 \times 211.6 \times 11.6 \times 13.5$</td><td>S1</td><td>30</td><td>9</td><td>0.6</td><td>3.2</td><td>5.8</td><td>2.3</td></tr>
</table>

构件编号	截面尺寸/mm $H \times B \times t_w \times t_f$	截面等级	腹板高厚比η_w	翼缘宽厚比η_f	轴压比n	延性系数		
						μ_θ	μ_φ	μ_ε
FE-30-10-0	$312.1 \times 211.6 \times 11.6 \times 12.1$	S2	30	10	0	4.8	8.4	8.4
FE-30-10-0.2	$312.1 \times 211.6 \times 11.6 \times 12.1$	S2	30	10	0.2	3.2	5.9	4.7
FE-30-10-0.4	$312.1 \times 211.6 \times 11.6 \times 12.1$	S2	30	10	0.4	2.8	5.2	3.1
FE-30-10-0.6	$312.1 \times 211.6 \times 11.6 \times 12.1$	S2	30	10	0.6	2.7	4.0	1.6
FE-30-11-0	$311 \times 211.7 \times 11.7 \times 11$	S2	30	11	0	4.5	8.0	8.0
FE-30-11-0.2	$311 \times 211.7 \times 11.7 \times 11$	S2	30	11	0.2	3.0	5.4	4.3
FE-30-11-0.4	$311 \times 211.7 \times 11.7 \times 11$	S2	30	11	0.4	2.6	4.2	2.5
FE-30-11-0.6	$311 \times 211.7 \times 11.7 \times 11$	S2	30	11	0.6	3.1	4.8	1.9
FE-30-12-0	$310.1 \times 211.7 \times 11.7 \times 10.1$	S3	30	12	0	4.2	7.3	7.3
FE-30-12-0.2	$310.1 \times 211.7 \times 11.7 \times 10.1$	S3	30	12	0.2	2.8	4.8	3.9
FE-30-12-0.4	$310.1 \times 211.7 \times 11.7 \times 10.1$	S3	30	12	0.4	2.5	4.0	2.4
FE-30-12-0.6	$310.1 \times 211.7 \times 11.7 \times 10.1$	S3	30	12	0.6	2.9	4.5	1.8
FE-36-5-0	$324.2 \times 209.3 \times 9.3 \times 24.2$	S1	36	5	0	7.4	13.5	13.5
FE-36-5-0.2	$324.2 \times 209.3 \times 9.3 \times 24.2$	S1	36	5	0.2	3.7	7.7	6.1
FE-36-5-0.4	$324.2 \times 209.3 \times 9.3 \times 24.2$	S1	36	5	0.4	3.4	8.2	4.9
FE-36-5-0.6	$324.2 \times 209.3 \times 9.3 \times .2$	S1	36	5	0.6	3.9	7.4	2.9
FE-36-6-0	$320.2 \times 209.4 \times 9.4 \times 20.2$	S1	36	6	0	7.1	12.4	12.4
FE-36-6-0.2	$320.2 \times 209.4 \times 9.4 \times 20.2$	S1	36	6	0.2	3.5	7.2	5.8
FE-36-6-0.4	$320.2 \times 209.4 \times 9.4 \times 20.2$	S1	36	6	0.4	3.2	6.4	3.9
FE-36-6-0.6	$320.2 \times 209.4 \times 9.4 \times 20.2$	S1	36	6	0.6	3.6	6.6	2.6
FE-36-7-0	$317.3 \times 209.5 \times 9.5 \times 17.3$	S1	36	7	0	5.9	10.3	10.3
FE-36-7-0.2	$317.3 \times 209.5 \times 9.5 \times 17.3$	S1	36	7	0.2	3.1	6.7	5.4
FE-36-7-0.4	$317.3 \times 209.5 \times 9.5 \times 17.3$	S1	36	7	0.4	2.9	6.0	3.6
FE-36-7-0.6	$317.3 \times 209.5 \times 9.5 \times 17.3$	S2	36	7	0.6	3.2	6.2	2.5
FE-36-8-0	$315.1 \times 209.6 \times 9.6 \times 15.1$	S1	36	8	0	5.1	9.1	9.1
FE-36-8-0.2	$315.1 \times 209.6 \times 9.6 \times 15.1$	S1	36	8	0.2	3.0	6.9	5.5
FE-36-8-0.4	$315.1 \times 209.6 \times 9.6 \times 15.1$	S1	36	8	0.4	2.5	5.5	3.3
FE-36-8-0.6	$315.1 \times 209.6 \times 9.6 \times 15.1$	S1	36	8	0.6	2.9	6.1	2.4
FE-36-9-0	$313.5 \times 209.6 \times 9.6 \times 13.5$	S1	36	9	0	4.4	8.9	8.9

构件编号	截面尺寸/mm $H \times B \times t_w \times t_f$	截面等级	腹板高厚比η_w	翼缘宽厚比η_f	轴压比n	延性系数		
						μ_θ	μ_φ	μ_ε
FE-36-9-0.2	$313.5 \times 209.6 \times 9.6 \times 13.5$	S1	36	9	0.2	2.7	5.1	4.1
FE-36-9-0.4	$313.5 \times 209.6 \times 9.6 \times 13.5$	S1	36	9	0.4	2.3	4.6	2.8
FE-36-9-0.6	$313.5 \times 209.6 \times 9.6 \times 13.5$	S1	36	9	0.6	2.8	5.9	2.4
FE-36-10-0	$312.1 \times 209.7 \times 9.7 \times 12.1$	S2	36	10	0	4.2	7.3	7.3
FE-36-10-0.2	$312.1 \times 209.7 \times 9.7 \times 12.1$	S2	36	10	0.2	2.4	4.3	3.5
FE-36-10-0.4	$312.1 \times 209.7 \times 9.7 \times 12.1$	S2	36	10	0.4	2.4	4.0	2.4
FE-36-10-0.6	$312.1 \times 209.7 \times 9.7 \times 12.1$	S2	36	10	0.6	2.4	3.9	1.6
FE-36-11-0	$311 \times 209.7 \times 9.7 \times 11$	S2	36	11	0	4.3	7.8	7.8
FE-36-11-0.2	$311 \times 209.7 \times 9.7 \times 11$	S2	36	11	0.2	2.3	4.3	3.4
FE-36-11-0.4	$311 \times 209.7 \times 9.7 \times 11$	S2	36	11	0.4	2.2	4.0	2.4
FE-36-11-0.6	$311 \times 209.7 \times 9.7 \times 11$	S2	36	11	0.6	2.4	3.9	1.6
FE-36-12-0	$310.1 \times 209.8 \times 9.8 \times 10.1$	S3	36	12	0	3.6	6.7	6.7
FE-36-12-0.2	$310.1 \times 209.8 \times 9.8 \times 10.1$	S3	36	12	0.2	2.2	4.1	3.3
FE-36-12-0.4	$310.1 \times 209.8 \times 9.8 \times 10.1$	S3	36	12	0.4	2.3	3.8	2.3
FE-36-12-0.6	$310.1 \times 209.8 \times 9.8 \times 10.1$	S3	36	12	0.6	2.3	3.8	1.5
FE-36-13-0	$309.3 \times 209.8 \times 9.8 \times 9.3$	S3	36	13	0	3.7	9.3	9.3
FE-36-13-0.2	$309.3 \times 209.8 \times 9.8 \times 9.3$	S3	36	13	0.2	2.1	4.0	3.1
FE-36-13-0.4	$309.3 \times 209.8 \times 9.8 \times 9.3$	S3	36	13	0.4	2.0	3.3	2.0
FE-36-13-0.6	$309.3 \times 209.8 \times 9.8 \times 9.3$	S3	36	13	0.6	2.2	3.5	1.4
FE-42-5-0	$324.2 \times 208 \times 8 \times 24.2$	S1	42	5	0	6.3	13.3	13.3
FE-42-5-0.2	$324.2 \times 208 \times 8 \times 24.2$	S1	42	5	0.2	3.4	7.0	5.5
FE-42-5-0.4	$324.2 \times 208 \times 8 \times 24.2$	S1	42	5	0.4	3.5	8.1	4.8
FE-42-5-0.6	$324.2 \times 208 \times 8 \times 24.2$	S1	42	5	0.6	3.4	6.4	2.6
FE-42-6-0	$320.2 \times 208.1 \times 8.1 \times 20.2$	S1	42	6	0	6.8	11.8	11.8
FE-42-6-0.2	$320.2 \times 208.1 \times 8.1 \times 20.2$	S1	42	6	0.2	3.3	6.7	5.5
FE-42-6-0.4	$320.2 \times 208.1 \times 8.1 \times 20.2$	S1	42	6	0.4	2.7	6.0	3.6
FE-42-6-0.6	$320.2 \times 208.1 \times 8.1 \times 20.2$	S1	42	6	0.6	3.2	5.8	2.3
FE-42-7-0	$317.3 \times 208.2 \times 8.2 \times 17.3$	S1	42	7	0	5.8	10.4	10.4
FE-42-7-0.2	$317.3 \times 208.2 \times 8.2 \times 17.3$	S1	42	7	0.2	3.0	6.2	5.0

续表

构件编号	截面尺寸/mm $H \times B \times t_w \times t_f$	截面等级	腹板高厚比η_w	翼缘宽厚比η_f	轴压比n	延性系数		
						μ_θ	μ_φ	μ_ε
FE-42-7-0.4	$317.3 \times 208.2 \times 8.2 \times 17.3$	S1	42	7	0.4	2.8	5.3	3.2
FE-42-7-0.6	$317.3 \times 208.2 \times 8.2 \times 17.3$	S1	42	7	0.6	2.7	5.0	2.0
FE-42-8-0	$315.1 \times 208.2 \times 8.2 \times 15.1$	S1	42	8	0	4.8	8.9	8.9
FE-42-8-0.2	$315.1 \times 208.2 \times 8.2 \times 15.1$	S1	42	8	0.2	2.6	5.8	4.6
FE-42-8-0.4	$315.1 \times 208.2 \times 8.2 \times 15.1$	S1	42	8	0.4	2.3	4.5	2.7
FE-42-8-0.6	$315.1 \times 208.2 \times 8.2 \times 15.1$	S1	42	8	0.6	2.3	4.4	1.8
FE-42-9-0	$313.5 \times 208.3 \times 8.3 \times 13.5$	S1	42	9	0	4.1	7.7	7.7
FE-42-9-0.2	$313.5 \times 208.3 \times 8.3 \times 13.5$	S1	42	9	0.2	2.4	5.5	4.4
FE-42-9-0.4	$313.5 \times 208.3 \times 8.3 \times 13.5$	S1	42	9	0.4	2.1	4.3	2.6
FE-42-9-0.6	$313.5 \times 208.3 \times 8.3 \times 13.5$	S1	42	9	0.6	2.3	4.8	1.9
FE-42-10-0	$312.1 \times 208.3 \times 8.3 \times 12.1$	S2	42	10	0	3.8	7.1	7.1
FE-42-10-0.2	$312.1 \times 208.3 \times 8.3 \times 12.1$	S2	42	10	0.2	2.3	5.0	4.0
FE-42-10-0.4	$312.1 \times 208.3 \times 8.3 \times 12.1$	S2	42	10	0.4	2.3	4.7	2.8
FE-42-10-0.6	$312.1 \times 208.3 \times 8.3 \times 12.1$	S2	42	10	0.6	2.2	4.2	1.7
FE-42-11-0	$311 \times 208.3 \times 8.3 \times 11$	S2	42	11	0	3.8	7.1	7.1
FE-42-11-0.2	$311 \times 208.3 \times 8.3 \times 11$	S2	42	11	0.2	2.1	4.9	3.9
FE-42-11-0.4	$311 \times 208.3 \times 8.3 \times 11$	S2	42	11	0.4	2.2	5.3	3.2
FE-42-11-0.6	$311 \times 208.3 \times 8.3 \times 11$	S2	42	11	0.6	2.2	3.1	1.3
FE-42-12-0	$310.1 \times 208.4 \times 8.4 \times 10.1$	S3	42	12	0	3.3	5.9	5.9
FE-42-12-0.2	$310.1 \times 208.4 \times 8.4 \times 10.1$	S3	42	12	0.2	2.0	3.9	3.1
FE-42-12-0.4	$310.1 \times 208.4 \times 8.4 \times 10.1$	S3	42	12	0.4	2.2	4.2	2.5
FE-42-12-0.6	$310.1 \times 208.4 \times 8.4 \times 10.1$	S3	42	12	0.6	2.2	3.6	1.4
FE-42-13-0	$309.3 \times 208.4 \times 8.4 \times 9.3$	S3	42	13	0	3.3	6.2	6.2
FE-42-13-0.2	$309.3 \times 208.4 \times 8.4 \times 9.3$	S3	42	13	0.2	2.1	4.1	3.2
FE-42-13-0.4	$309.3 \times 208.4 \times 8.4 \times 9.3$	S3	42	13	0.4	2.1	3.8	2.3
FE-42-13-0.6	$309.3 \times 208.4 \times 8.4 \times 9.3$	S3	42	13	0.6	2.2	3.8	1.4
FE-48-7-0	$317.3 \times 207.1 \times 7.1 \times 17.3$	S1	48	7	0	5.7	9.2	9.2
FE-48-7-0.2	$317.3 \times 207.1 \times 7.1 \times 17.3$	S1	48	7	0.2	2.9	5.8	4.8
FE-48-7-0.4	$317.3 \times 207.1 \times 7.1 \times 17.3$	S1	48	7	0.4	2.7	5.4	3.3

构件编号	截面尺寸/mm $H \times B \times t_w \times t_f$	截面 等级	腹板 高厚比η_w	翼缘宽厚比η_f	轴压 比n	延性系数		
						μ_θ	μ_φ	μ_ε
FE-48-7-0.6	$317.3 \times 207.1 \times 7.1 \times 17.3$	S1	48	7	0.6	2.8	5.0	2.0
FE-48-8-0	$315.1 \times 207.2 \times 7.2 \times 15.1$	S1	48	8	0	4.7	8.1	8.1
FE-48-8-0.2	$315.1 \times 207.2 \times 7.2 \times 15.1$	S1	48	8	0.2	2.5	4.9	3.9
FE-48-8-0.4	$315.1 \times 207.2 \times 7.2 \times 15.1$	S1	48	8	0.4	2.3	4.4	2.6
FE-48-8-0.6	$315.1 \times 207.2 \times 7.2 \times 15.1$	S1	48	8	0.6	2.7	5.1	2.0
FE-48-9-0	$313.5 \times 207.2 \times 7.2 \times 13.5$	S1	48	9	0	3.9	7.4	7.4
FE-48-9-0.2	$313.5 \times 207.2 \times 7.2 \times 13.5$	S1	48	9	0.2	2.2	4.7	3.8
FE-48-9-0.4	$313.5 \times 207.2 \times 7.2 \times 13.5$	S1	48	9	0.4	2.0	3.9	2.4
FE-48-9-0.6	$313.5 \times 207.2 \times 7.2 \times 13.5$	S1	48	9	0.6	2.3	4.4	1.7
FE-48-10-0	$312.1 \times 207.3 \times 7.3 \times 12.1$	S2	48	10	0	3.6	7.0	7.0
FE-48-10-0.2	$312.1 \times 207.3 \times 7.3 \times 12.1$	S2	48	10	0.2	2.1	4.8	3.9
FE-48-10-0.4	$312.1 \times 207.3 \times 7.3 \times 12.1$	S2	48	10	0.4	2.2	4.9	2.9
FE-48-10-0.6	$312.1 \times 207.3 \times 7.3 \times 12.1$	S2	48	10	0.6	2.2	4.6	1.8
FE-48-11-0	$311 \times 207.3 \times 7.3 \times 11$	S2	48	11	0	3.4	6.6	6.6
FE-48-11-0.2	$311 \times 207.3 \times 7.3 \times 11$	S2	48	11	0.2	2.0	4.3	3.4
FE-48-11-0.4	$311 \times 207.3 \times 7.3 \times 11$	S2	48	11	0.4	2.1	4.0	2.4
FE-48-11-0.6	$311 \times 207.3 \times 7.3 \times 11$	S2	48	11	0.6	2.2	4.1	1.6
FE-48-12-0	$310.1 \times 207.3 \times 7.3 \times 10.1$	S3	48	12	0	2.8	5.6	5.6
FE-48-12-0.2	$310.1 \times 207.3 \times 7.3 \times 10.1$	S3	48	12	0.2	1.7	3.9	3.1
FE-48-12-0.4	$310.1 \times 207.3 \times 7.3 \times 10.1$	S3	48	12	0.4	1.8	4.3	2.6
FE-48-12-0.6	$310.1 \times 207.3 \times 7.3 \times 10.1$	S3	48	12	0.6	2.0	4.5	1.8
FE-48-13-0	$309.3 \times 207.3 \times 7.3 \times 9.3$	S3	48	13	0	2.9	4.8	4.8
FE-48-13-0.2	$309.3 \times 207.3 \times 7.3 \times 9.3$	S3	48	13	0.2	1.8	5.1	4.1
FE-48-13-0.4	$309.3 \times 207.3 \times 7.3 \times 9.3$	S3	48	13	0.4	1.3	2.7	1.6
FE-48-13-0.6	$309.3 \times 207.3 \times 7.3 \times 9.3$	S3	48	13	0.6	2.0	3.8	1.5
FE-48-14-0	$308.7 \times 207.4 \times 7.4 \times 8.7$	S4	48	14	0	2.8	4.8	4.8
FE-48-14-0.2	$308.7 \times 207.4 \times 7.4 \times 8.7$	S4	48	14	0.2	1.5	3.1	2.6
FE-48-14-0.4	$308.7 \times 207.4 \times 7.4 \times 8.7$	S4	48	14	0.4	1.4	2.6	1.6
FE-48-14-0.6	$308.7 \times 207.4 \times 7.4 \times 8.7$	S4	48	14	0.6	1.4	2.6	1.2

续表

构件编号	截面尺寸/mm $H \times B \times t_w \times t_f$	截面等级	腹板高厚比η_w	翼缘宽厚比η_f	轴压比n	延性系数		
						μ_θ	μ_φ	μ_ε
FE-56-8-0	$315.1 \times 206.2 \times 6.2 \times 15.1$	S1	56	8	0	4.7	8.1	8.1
FE-56-8-0.2	$315.1 \times 206.2 \times 6.2 \times 15.1$	S1	56	8	0.2	2.4	4.4	3.7
FE-56-8-0.4	$315.1 \times 206.2 \times 6.2 \times 15.1$	S1	56	8	0.4	2.3	4.2	2.5
FE-56-8-0.6	$315.1 \times 206.2 \times 6.2 \times 15.1$	S1	56	8	0.6	2.5	4.5	1.8
FE-56-9-0	$313.5 \times 206.2 \times 6.2 \times 13.5$	S1	56	9	0	3.9	6.9	6.9
FE-56-9-0.2	$313.5 \times 206.2 \times 6.2 \times 13.5$	S1	56	9	0.2	2.3	4.3	3.6
FE-56-9-0.4	$313.5 \times 206.2 \times 6.2 \times 13.5$	S1	56	9	0.4	2.2	4.3	2.6
FE-56-9-0.6	$313.5 \times 206.2 \times 6.2 \times 13.5$	S1	56	9	0.6	2.3	4.4	1.7
FE-56-10-0	$312.1 \times 206.2 \times 6.2 \times 12.1$	S2	56	10	0	3.5	6.4	6.4
FE-56-10-0.2	$312.1 \times 206.2 \times 6.2 \times 12.1$	S2	56	10	0.2	2.0	4.3	3.5
FE-56-10-0.4	$312.1 \times 206.2 \times 6.2 \times 12.1$	S2	56	10	0.4	1.7	3.7	2.2
FE-56-10-0.6	$312.1 \times 206.2 \times 6.2 \times 12.1$	S2	56	10	0.6	2.2	4.4	1.8
FE-56-11-0	$311 \times 206.3 \times 6.3 \times 11$	S2	56	11	0	3.0	6.0	6.0
FE-56-11-0.2	$311 \times 206.3 \times 6.3 \times 11$	S2	56	11	0.2	1.6	3.5	2.8
FE-56-11-0.4	$311 \times 206.3 \times 6.3 \times 11$	S2	56	11	0.4	1.7	3.4	2.0
FE-56-11-0.6	$311 \times 206.3 \times 6.3 \times 11$	S2	56	11	0.6	1.8	3.8	1.5
FE-56-12-0	$310.1 \times 206.3 \times 6.3 \times 10.1$	S3	56	12	0	2.7	5.4	5.4
FE-56-12-0.2	$310.1 \times 206.3 \times 6.3 \times 10.1$	S3	56	12	0.2	1.5	3.3	2.6
FE-56-12-0.4	$310.1 \times 206.3 \times 6.3 \times 10.1$	S3	56	12	0.4	1.4	2.9	1.7
FE-56-12-0.6	$310.1 \times 206.3 \times 6.3 \times 10.1$	S3	56	12	0.6	1.3	2.8	1.1
FE-56-13-0	$309.3 \times 206.3 \times 6.3 \times 9.3$	S3	56	13	0	2.7	6.0	6.0
FE-56-13-0.2	$309.3 \times 206.3 \times 6.3 \times 9.3$	S3	56	13	0.2	1.4	2.7	2.1
FE-56-13-0.4	$309.3 \times 206.3 \times 6.3 \times 9.3$	S3	56	13	0.4	1.4	2.6	1.6
FE-56-13-0.6	$309.3 \times 206.3 \times 6.3 \times 9.3$	S3	56	13	0.6	1.3	2.3	0.9
FE-56-14-0	$308.7 \times 206.3 \times 6.3 \times 8.7$	S4	56	14	0	2.3	5.1	5.1
FE-56-14-0.2	$308.7 \times 206.3 \times 6.3 \times 8.7$	S4	56	14	0.2	1.4	2.9	2.3
FE-56-14-0.4	$308.7 \times 206.3 \times 6.3 \times 8.7$	S4	56	14	0.4	1.3	2.5	1.5
FE-56-14-0.6	$308.7 \times 206.3 \times 6.3 \times 8.7$	S4	56	14	0.6	1.2	2.5	1.0
FE-56-15-0	$308.1 \times 206.3 \times 6.3 \times 8.1$	S4	56	15	0	1.9	5.7	5.7

构件编号	截面尺寸/mm $H \times B \times t_w \times t_f$	截面等级	腹板高厚比η_w	翼缘宽厚比η_f	轴压比n	延性系数		
						μ_θ	μ_φ	μ_ε
FE-56-15-0.2	$308.1 \times 206.3 \times 6.3 \times 8.1$	S4	56	15	0.2	1.4	2.4	2.0
FE-56-15-0.4	$308.1 \times 206.3 \times 6.3 \times 8.1$	S4	56	15	0.4	1.3	2.2	1.3
FE-56-15-0.6	$308.1 \times 206.3 \times 6.3 \times 8.1$	S4	56	15	0.6	1.3	2.3	1.2
FE-64-9-0	$313.5 \times 205.4 \times 5.4 \times 13.5$	S1	64	9	0	3.8	6.5	6.5
FE-64-9-0.2	$313.5 \times 205.4 \times 5.4 \times 13.5$	S1	64	9	0.2	2.2	3.8	3.0
FE-64-9-0.4	$313.5 \times 205.4 \times 5.4 \times 13.5$	S1	64	9	0.4	2.0	3.5	2.1
FE-64-9-0.6	$313.5 \times 205.4 \times 5.4 \times 13.5$	S1	64	9	0.6	2.2	4.4	1.8
FE-64-10-0	$312.1 \times 205.5 \times 5.5 \times 12.1$	S2	64	10	0	3.4	6.2	6.2
FE-64-10-0.2	$312.1 \times 205.5 \times 5.5 \times 12.1$	S2	64	10	0.2	1.9	3.8	3.0
FE-64-10-0.4	$312.1 \times 205.5 \times 5.5 \times 12.1$	S2	64	10	0.4	1.9	3.7	2.2
FE-64-10-0.6	$312.1 \times 205.5 \times 5.5 \times 12.1$	S2	64	10	0.6	2.1	4.5	1.8
FE-64-11-0	$311 \times 205.5 \times 5.5 \times 11$	S2	64	11	0	2.8	4.9	4.9
FE-64-11-0.2	$311 \times 205.5 \times 5.5 \times 11$	S2	64	11	0.2	1.6	3.3	2.6
FE-64-11-0.4	$311 \times 205.5 \times 5.5 \times 11$	S2	64	11	0.4	1.3	2.7	1.6
FE-64-11-0.6	$311 \times 205.5 \times 5.5 \times 11$	S2	64	11	0.6	1.6	3.1	1.3
FE-64-12-0	$310.1 \times 205.5 \times 5.5 \times 10.1$	S3	64	12	0	2.7	5.0	5.0
FE-64-12-0.2	$310.1 \times 205.5 \times 5.5 \times 10.1$	S3	64	12	0.2	1.5	3.2	2.5
FE-64-12-0.4	$310.1 \times 205.5 \times 5.5 \times 10.1$	S3	64	12	0.4	1.4	2.8	1.7
FE-64-12-0.6	$310.1 \times 205.5 \times 5.5 \times 10.1$	S3	64	12	0.6	1.3	2.5	1.0
FE-64-13-0	$309.3 \times 205.5 \times 5.5 \times 9.3$	S3	64	13	0	2.5	4.9	4.9
FE-64-13-0.2	$309.3 \times 205.5 \times 5.5 \times 9.3$	S3	64	13	0.2	1.5	3.3	2.6
FE-64-13-0.4	$309.3 \times 205.5 \times 5.5 \times 9.3$	S3	64	13	0.4	1.3	2.6	1.6
FE-64-13-0.6	$309.3 \times 205.5 \times 5.5 \times 9.3$	S3	64	13	0.6	1.2	2.5	1.0
FE-64-14-0	$308.7 \times 205.5 \times 5.5 \times 8.7$	S4	64	14	0	2.2	4.4	4.4
FE-64-14-0.2	$308.7 \times 205.5 \times 5.5 \times 8.7$	S4	64	14	0.2	1.3	2.9	2.3
FE-64-14-0.4	$308.7 \times 205.5 \times 5.5 \times 8.7$	S4	64	14	0.4	1.4	2.8	1.7
FE-64-14-0.6	$308.7 \times 205.5 \times 5.5 \times 8.7$	S4	64	14	0.6	1.2	2.4	1.0
FE-64-15-0	$308.1 \times 205.5 \times 5.5 \times 8.1$	S4	64	15	0	1.8	3.7	3.7
FE-64-15-0.2	$308.1 \times 205.5 \times 5.5 \times 8.1$	S4	64	15	0.2	1.2	2.6	2.1

续表

构件编号	截面尺寸/mm $H \times B \times t_w \times t_f$	截面等级	腹板高厚比η_w	翼缘宽厚比η_f	轴压比n	延性系数		
						μ_θ	μ_φ	μ_ε
FE-64-15-0.4	$308.1 \times 205.5 \times 5.5 \times 8.1$	S4	64	15	0.4	1.2	2.3	1.4
FE-64-15-0.6	$308.1 \times 205.5 \times 5.5 \times 8.1$	S4	64	15	0.6	1.2	2.6	1.0
FE-65-9-0*	$313.5 \times 205.3 \times 5.3 \times 13.5$	S1	65	9	0	3.2	6.2	6.2
FE-65-9-0.2*	$313.5 \times 205.3 \times 5.3 \times 13.5$	S1	65	9	0.2	2.2	4.4	3.1
FE-65-9-0.4*	$313.5 \times 205.3 \times 5.3 \times 13.5$	S1	65	9	0.4	2.1	4.0	2.0
FE-65-9-0.6*	$313.5 \times 205.3 \times 5.3 \times 13.5$	S1	65	9	0.6	2.3	4.7	1.4
FE-72-10-0	$312.1 \times 204.8 \times 4.8 \times 12.1$	S2	72	10	0	3.2	5.4	5.0
FE-72-10-0.2	$312.1 \times 204.8 \times 4.8 \times 12.1$	S2	72	10	0.2	1.9	3.7	2.8
FE-72-10-0.4	$312.1 \times 204.8 \times 4.8 \times 12.1$	S2	72	10	0.4	1.8	3.6	2.2
FE-72-10-0.6	$312.1 \times 204.8 \times 4.8 \times 12.1$	S2	72	10	0.6	1.8	3.6	1.3
FE-72-11-0*	$311 \times 204.9 \times 4.9 \times 11$	S2	72	11	0	2.8	5.2	5.2
FE-72-11-0.2*	$311 \times 204.9 \times 4.9 \times 11$	S2	72	11	0.2	1.6	3.1	2.4
FE-72-11-0.4*	$311 \times 204.9 \times 4.9 \times 11$	S2	72	11	0.4	1.5	2.9	1.7
FE-72-11-0.6*	$311 \times 204.9 \times 4.9 \times 11$	S2	72	11	0.6	1.5	3.0	1.1
FE-72-12-0	$310.1 \times 204.9 \times 4.9 \times 10.1$	S3	72	12	0	2.6	4.8	4.8
FE-72-12-0.2	$310.1 \times 204.9 \times 4.9 \times 10.1$	S3	72	12	0.2	1.3	2.7	2.1
FE-72-12-0.4	$310.1 \times 204.9 \times 4.9 \times 10.1$	S3	72	12	0.4	1.3	2.6	1.6
FE-72-12-0.6	$310.1 \times 204.9 \times 4.9 \times 10.1$	S3	72	12	0.6	1.2	2.3	0.9
FE-72-13-0	$309.3 \times 204.9 \times 4.9 \times 9.3$	S3	72	13	0	2.5	4.5	4.5
FE-72-13-0.2	$309.3 \times 204.9 \times 4.9 \times 9.3$	S3	72	13	0.2	1.4	2.9	2.3
FE-72-13-0.4	$309.3 \times 204.9 \times 4.9 \times 9.3$	S3	72	13	0.4	1.3	2.7	1.6
FE-72-13-0.6	$309.3 \times 204.9 \times 4.9 \times 9.3$	S3	72	13	0.6	1.2	2.4	1.0
FE-72-14-0	$308.7 \times 204.9 \times 4.9 \times 8.7$	S4	72	14	0	2.0	4.2	4.2
FE-72-14-0.2	$308.7 \times 204.9 \times 4.9 \times 8.7$	S4	72	14	0.2	1.3	2.6	2.1
FE-72-14-0.4	$308.7 \times 204.9 \times 4.9 \times 8.7$	S4	72	14	0.4	1.2	2.4	1.5
FE-72-14-0.6	$308.7 \times 204.9 \times 4.9 \times 8.7$	S4	72	14	0.6	1.2	2.8	1.1
FE-72-15-0	$308.1 \times 204.9 \times 4.9 \times 8.1$	S4	72	15	0	1.7	3.7	3.7
FE-72-15-0.2	$308.1 \times 204.9 \times 4.9 \times 8.1$	S4	72	15	0.2	1.3	2.8	2.3
FE-72-15-0.4	$308.1 \times 204.9 \times 4.9 \times 8.1$	S4	72	15	0.4	1.1	2.2	1.3

构件编号	截面尺寸/mm $H \times B \times t_{\mathrm{w}} \times t_{\mathrm{f}}$	截面等级	腹板高厚比η_{w}	翼缘宽厚比η_{f}	轴压比n	延性系数		
						μ_θ	μ_φ	μ_ε
FE-72-15-0.6	$308.1 \times 204.9 \times 4.9 \times 8.1$	S4	72	15	0.6	1.1	2.5	1.0
FE-80-11-0	$311 \times 204.4 \times 4.4 \times 11$	S3	80	11	0	2.8	4.5	4.5
FE-80-11-0.2	$311 \times 204.4 \times 4.4 \times 11$	S3	80	11	0.2	1.5	3.0	2.5
FE-80-11-0.4	$311 \times 204.4 \times 4.4 \times 11$	S3	80	11	0.4	1.5	2.9	1.7
FE-80-11-0.6	$311 \times 204.4 \times 4.4 \times 11$	S3	80	11	0.6	1.4	2.8	1.0
FE-80-12-0	$310.1 \times 204.4 \times 4.4 \times 10.1$	S3	80	12	0	2.7	4.9	4.9
FE-80-12-0.2	$310.1 \times 204.4 \times 4.4 \times 10.1$	S3	80	12	0.2	1.3	2.6	2.2
FE-80-12-0.4	$310.1 \times 204.4 \times 4.4 \times 10.1$	S3	80	12	0.4	1.3	2.6	1.6
FE-80-12-0.6	$310.1 \times 204.4 \times 4.4 \times 10.1$	S3	80	12	0.6	1.3	2.4	1.0
FE-88-13-0	$309.3 \times 204 \times 4 \times 9.3$	S3	88	13	0	2.2	4.1	4.1
FE-80-13-0.2	$309.3 \times 204.4 \times 4.4 \times 9.3$	S3	80	13	0.2	1.4	3.0	2.4
FE-80-13-0.4	$309.3 \times 204.4 \times 4.4 \times 9.3$	S3	80	13	0.4	1.3	2.7	1.6
FE-80-13-0.6	$309.3 \times 204.4 \times 4.4 \times 9.3$	S3	80	13	0.6	1.2	2.4	1.0
FE-80-14-0	$308.7 \times 204.4 \times 4.4 \times 8.7$	S4	80	14	0	1.9	3.7	3.7
FE-80-14-0.2	$308.7 \times 204.4 \times 4.4 \times 8.7$	S4	80	14	0.2	1.5	3.1	2.5
FE-80-14-0.4	$308.7 \times 204.4 \times 4.4 \times 8.7$	S4	80	14	0.4	1.3	2.7	1.6
FE-80-14-0.6	$308.7 \times 204.4 \times 4.4 \times 8.7$	S4	80	14	0.6	1.2	2.7	1.1
FE-80-15-0	$308.1 \times 204.4 \times 4.4 \times 8.1$	S4	80	15	0	1.7	3.5	3.5
FE-80-15-0.2	$308.1 \times 204.4 \times 4.4 \times 8.1$	S4	80	15	0.2	1.4	3.1	2.5
FE-80-15-0.4	$308.1 \times 204.4 \times 4.4 \times 8.1$	S4	80	15	0.4	1.3	2.7	1.6
FE-80-15-0.6	$308.1 \times 204.4 \times 4.4 \times 8.1$	S4	80	15	0.6	1.2	3.0	1.2
FE-92-12-0	$310.1 \times 203.8 \times 3.8 \times 10.1$	S3	92	12	0	2.7	4.6	4.6
FE-92-12-0.2	$310.1 \times 203.8 \times 3.8 \times 10.1$	S3	92	12	0.2	1.4	2.5	2.0
FE-92-12-0.4	$310.1 \times 203.8 \times 3.8 \times 10.1$	S3	92	12	0.4	1.2	2.3	1.4
FE-92-12-0.6	$310.1 \times 203.8 \times 3.8 \times 10.1$	S3	92	12	0.6	1.2	2.7	1.1
FE-92-13-0	$309.3 \times 203.8 \times 3.8 \times 9.3$	S3	92	13	0	2.4	4.2	4.2
FE-92-13-0.2	$309.3 \times 203.8 \times 3.8 \times 9.3$	S3	92	13	0.2	1.2	2.7	2.2
FE-92-13-0.4	$309.3 \times 203.8 \times 3.8 \times 9.3$	S3	92	13	0.4	1.1	2.2	1.3
FE-92-13-0.6	$309.3 \times 203.8 \times 3.8 \times 9.3$	S3	92	13	0.6	1.2	2.5	1.0

构件编号	截面尺寸/mm $H \times B \times t_w \times t_f$	截面等级	腹板高厚比η_w	翼缘宽厚比η_f	轴压比n	延性系数		
						μ_θ	μ_φ	μ_ε
FE-92-14-0	$308.7 \times 203.8 \times 3.8 \times 8.7$	S4	92	14	0	1.8	3.0	3.0
FE-92-14-0.2	$308.7 \times 203.8 \times 3.8 \times 8.7$	S4	92	14	0.2	1.4	3.0	2.4
FE-92-14-0.4	$308.7 \times 203.8 \times 3.8 \times 8.7$	S4	92	14	0.4	1.1	2.4	1.4
FE-92-14-0.6	$308.7 \times 203.8 \times 3.8 \times 8.7$	S4	92	14	0.6	1.2	2.5	1.0
FE-92-15-0	$308.1 \times 203.8 \times 3.8 \times 8.1$	S4	92	15	0	1.8	3.2	3.2
FE-92-15-0.2	$308.1 \times 203.8 \times 3.8 \times 8.1$	S4	92	15	0.2	1.5	3.3	2.7
FE-92-15-0.4	$308.1 \times 203.8 \times 3.8 \times 8.1$	S4	92	15	0.4	1.2	2.6	1.5
FE-92-15-0.6	$308.1 \times 203.8 \times 3.8 \times 8.1$	S4	92	15	0.6	1.1	2.5	1.0
FE-93-13-0*	$309.3 \times 203.8 \times 3.8 \times 9.3$	S3	93	13	0	2.3	3.9	3.9
FE-93-13-0.2*	$309.3 \times 203.8 \times 3.8 \times 9.3$	S3	93	13	0.2	1.5	2.8	2.0
FE-93-13-0.4*	$309.3 \times 203.8 \times 3.8 \times 9.3$	S3	93	13	0.4	1.3	2.4	1.2
FE-93-13-0.6*	$309.3 \times 203.8 \times 3.8 \times 9.3$	S3	93	13	0.6	1.3	1.8	0.9
FE-104-13-0	$309.3 \times 203.4 \times 3.4 \times 9.3$	S4	104	13	0	1.5	3.1	3.1
FE-104-13-0.2	$309.3 \times 203.4 \times 3.4 \times 9.3$	S4	104	13	0.2	1.3	2.4	1.9
FE-104-13-0.4	$309.3 \times 203.4 \times 3.4 \times 9.3$	S4	104	13	0.4	1.3	2.5	1.5
FE-104-13-0.6	$309.3 \times 203.4 \times 3.4 \times 9.3$	S4	104	13	0.6	1.1	2.4	1.0
FE-104-14-0	$308.7 \times 203.4 \times 3.4 \times 8.7$	S4	104	14	0	1.7	3.1	3.1
FE-104-14-0.2	$308.7 \times 203.4 \times 3.4 \times 8.7$	S4	104	14	0.2	1.4	2.9	2.3
FE-104-14-0.4	$308.7 \times 203.4 \times 3.4 \times 8.7$	S4	104	14	0.4	1.3	2.8	1.7
FE-104-14-0.6	$308.7 \times 203.4 \times 3.4 \times 8.7$	S4	104	14	0.6	1.2	2.4	1.0
FE-104-15-0	$308.1 \times 203.4 \times 3.4 \times 8.1$	S4	104	15	0	1.8	2.8	2.8
FE-104-15-0.2	$308.1 \times 203.4 \times 3.4 \times 8.1$	S4	104	15	0.2	1.4	3.0	2.0
FE-104-15-0.4	$308.1 \times 203.4 \times 3.4 \times 8.1$	S4	104	15	0.4	1.3	2.7	1.6
FE-104-15-0.6	$308.1 \times 203.4 \times 3.4 \times 8.1$	S4	104	15	0.6	1.1	2.6	1.0
FE-120-13-0.4	$309.3 \times 202.9 \times 2.9 \times 9.3$	S4	120	13	0.4	1.4	2.5	1.5
FE-120-13-0.6	$309.3 \times 202.9 \times 2.9 \times 9.3$	S4	120	13	0.6	1.2	2.7	1.1
FE-120-14-0.4	$308.7 \times 202.9 \times 2.9 \times 8.7$	S4	120	14	0.4	1.2	2.8	1.7
FE-120-14-0.6	$308.7 \times 202.9 \times 2.9 \times 8.7$	S4	120	14	0.6	1.2	3.2	1.3
FE-120-15-0.4	$308.1 \times 202.9 \times 2.9 \times 8.1$	S4	120	15	0.4	1.3	2.5	1.5

构件编号	截面尺寸/mm $H \times B \times t_w \times t_f$	截面等级	腹板高厚比η_w	翼缘宽厚比η_f	轴压比n	延性系数		
						μ_θ	μ_φ	μ_ε
FE-120-15-0.6	$308.1 \times 202.9 \times 2.9 \times 8.1$	S4	120	15	0.6	1.1	2.6	1.1
FE-124-15-0*	$308.1 \times 202.9 \times 2.8 \times 8.1$	S4	124	15	0	1.2	3.2	3.2
FE-124-15-0.2*	$308.1 \times 202.9 \times 2.8 \times 8.1$	S4	124	15	0.2	1.2	2.8	1.6
FE-124-15-0.4*	$308.1 \times 202.9 \times 2.8 \times 8.1$	S4	124	15	0.4	0.9	2.2	1.1
FE-124-15-0.6*	$308.1 \times 202.9 \times 2.8 \times 8.1$	S4	124	15	0.6	0.8	2.1	0.8

注：构件编号中以*标记的为对应 S1～S4 级截面板件宽厚比界限值的构件。

附录 B 结构抗震韧性评价分析

现行《抗规》基于"三水准，两阶段"抗震设计理念对结构构件和非结构构件的抗震设计提出了基本要求和计算方法，以实现基本的抗震设防目标——"小震不坏，中震可修，大震不倒"。对于更个性化或更高的抗震设防目标，《抗规》则提出了基于性能的抗震设计方法。

《抗规》提出的传统抗震设计方法及性能化抗震设计方法对结构和非结构构件的抗震设计起到了良好的指导作用，但震后因建筑结构与非结构构件损坏造成的人员伤亡与经济损失，《抗规》未给出具体的评估方法与量化计算，震后建筑的"可恢复功能"也缺乏考虑[131,132]。

21世纪初期，美国等国家开展了新一代抗震设计方法的研究，以建筑抗震韧性作为评价指标，对地震灾害下建筑物功能恢复能力完成量化计算的方法得到了快速发展。美国联邦应急管理署（FEMA）与美国应用技术委员会（ATC）于2012年颁布了FEMA-P58标准[102]，为新一代抗震设计提出了系统性的解决方法，其主要思想为通过对结构在地震作用下进行抗震性能分析与评估，以获取结构构件及非结构构件等精细到构件层次的地震损失结果，最终给出包括人员伤亡、修复费用和修复时间等性能指标的概率分布，实现了真正意义上的"单体建筑物性能评估"[133]。

抗震性能化设计是实现抗震韧性评价的基础条件，我国近年来在抗震性能化设计技术领域也取得了较大的发展，包括动力弹塑性分析方法的推广应用[134]，以及与抗震性能评价相关的规范标准颁布实施[52]。我国于2020年颁布了《韧性评价标准》[60]，该标准基于我国国情，提供了建筑抗震韧性系统性的评估方法及相关参考指标，可以对设防地震和罕遇地震水准下建筑物的损伤状态、修复费用、修复时间和人员损失进行评估，并根据评估结果对建筑物进行抗震韧性等级评定。

由于《韧性评价标准》颁布时间较短，相关研究及工程应用仍然较少[135-136]。本书以第六章京东智慧城办公楼为案例，参考《韧性评价标准》技术方法进行抗震韧性评估，其结论可供类似工程的韧性研究及抗震设计参考。

B.1 抗震韧性评价实现方法

抗震韧性评价的基本思想是通过有限数量的动力弹塑性分析获得结构在统计意义上的地震响应，并以此对建筑维持或恢复原有安全与使用功能的能力进行评价。其中结构的地震响应主要包括变形响应和加速度响应，韧性评价总体流程如图B-1所示。

基于上述流程，中衡设计参考《韧性评价标准》开发了韧性评价软件。在软件中内设构件定额、损伤判别标准、修复时间等数据库，通过用户输入建筑尺寸、抗震等级、构件类型等建筑结构信息以及相应的计算结果，软件自动计算建筑修复费用、建筑修复时间与人员伤亡指标，并对建筑进行抗震韧性评价。软件界面如图 B-2 所示。

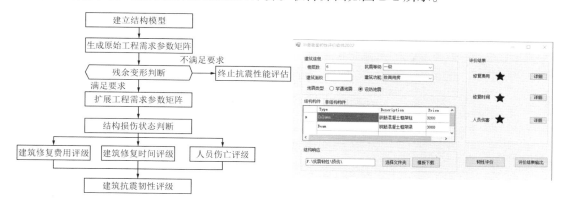

图 B-1　韧性评价基本流程图　　图 B-2　中衡设计开发建筑抗震韧性评价软件主界面

B.2　构件损伤状态分析

B.2.1　构件损伤状态判别标准

对结构基于设防地震与罕遇地震下的 11 组地震波工况完成弹塑性时程分析，并按表 B-1 所示提取不同种类构件用于损伤评价的工程需求参数，其中钢梁、钢管混凝土柱和钢板剪力墙如前述罕遇地震性能分析，分别采用应变、侧向位移和侧移角指标，对于非结构构件，采用楼层绝对加速度和层间位移角指标。

各类构件损伤评价工程需求参数类别　　表 B-1

构件	工程需求参数
钢梁	应变
钢管混凝土柱	侧向位移
钢板剪力墙	侧移角
吊顶	楼层绝对加速度
填充墙	层间位移角
楼梯	层间位移角
玻璃幕墙	层间位移角
电梯	楼层绝对加速度

《韧性评价标准》将结构构件的损伤状态划分为 5 级，分别为"完好（0 级）、轻微（1 级）、轻度（2 级）、中度（3 级）和重度（4 级）"，结合本书 6.3 节中对应构件性能评价准则中的"无损坏（1 级）、轻微损坏（2 级）、轻度损坏（3 级）、中度损坏（4 级）和比较严重损坏（5 级）"，可定义如表 B-2 所示构件损伤状态判别标准，下文所述损伤状态等级均基于《韧性评价标准》。

结构构件损伤状态判别标准 表 B-2

损伤状态等级	钢梁	钢管混凝土柱	钢板剪力墙
0 级	$\varepsilon \leqslant \varepsilon_y$	$\delta \leqslant \delta_y$	$\theta_w \leqslant \theta_{wy}$
1 级	$\varepsilon_y < \varepsilon \leqslant 4.5\varepsilon_y$	$\delta_y < \delta \leqslant 2.5\delta_y$	$\theta_{wy} < \theta_w \leqslant 1.5\theta_{wy}$
2 级	$4.5\varepsilon_y < \varepsilon \leqslant 8\varepsilon_y$	$2.5\delta_y < \delta \leqslant 4\delta_y$	$1.5\theta_{wy} < \theta_w \leqslant 6\theta_{wy}$
3 级	$8\varepsilon_y < \varepsilon \leqslant 12\varepsilon_y$	$4\delta_y < \delta \leqslant 5.5\delta_y$	$6\theta_{wy} < \theta_w \leqslant 11\theta_{wy}$
4 级	$\varepsilon > 12\varepsilon_y$	$\delta > 5.5\delta_y$	$\theta_w > 11\theta_{wy}$

注：ε 为钢梁应变；ε_y 为屈服应变；δ 为钢管混凝土柱侧向位移；δ_y 为屈服侧向位移；θ_w 为钢板剪力墙侧向移角；θ_{wy} 为屈服侧移角。

根据表 B-2 所示损伤状态判别标准可绘制如图 B-3 所示各类构件的易损性曲线组，其中 P1、P2、P3、P4 分别为 0 级、1 级、2 级、3 级损伤状态的超越概率，其服从对数正态分布，对数标准差均取 0.4。

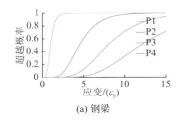 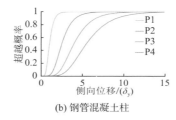 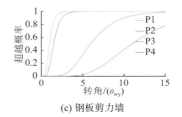

(a) 钢梁 (b) 钢管混凝土柱 (c) 钢板剪力墙

图 B-3　结构构件易损性曲线组

参考《韧性评价标准》，非结构构件的损伤状态划分为"完好（0 级）、轻度（1 级）、中度（2 级）、重度（3 级）"共 4 级，表 B-3 为各类非结构构件的易损性曲线参数取值，其中 P1、P2 和 P3 分别为 0 级、1 级和 2 级损伤状态的超越概率。其中，吊顶与电梯为加速度敏感型构件，基于楼层绝对加速度判定损伤状态，填充墙、楼梯、玻璃幕墙为位移敏感型构件，根据层间位移角判定损伤状态。

非结构构件易损性曲线参数 表 B-3

易损性曲线		吊顶	填充墙	楼梯	玻璃幕墙	电梯
P1	中位值	1.47g	0.004	0.005	—	—
	对数标准差	0.3g	0.45	0.6	—	—
P2	中位值	1.88g	0.011	0.017	0.0138	—
	对数标准差	0.3g	0.35	0.6	0.25	—
P3	中位值	2.03g	0.019	0.028	0.0219	0.5g
	对数标准差	0.3g	0.25	0.45	0.3	0.3g

注：玻璃幕墙仅存在 0 级、2 级、3 级损伤状态；电梯仅存在 0 级、3 级损伤状态。

B.2.2　构件损伤状态判定结果

采用蒙特卡洛模拟将 11 组地震波的工程需求参数过充至 1000 组，扩充后的工程需求参数矩阵与原始工程需求参数具有相同的概率分布。

图 B-4 至图 B-6 分别为钢梁、钢管混凝土柱与钢板剪力墙的损伤状态分布。从图 B-4 与图 B-5 中可以看出，钢梁与钢管混凝土柱的损伤状态均较轻，不超过 3 级损伤，且处于 0 级损伤状态的构件占比约为 80%；罕遇地震相比于设防地震构件损伤程度提高不明显。而从图 B-6 中可以看出，钢板剪力墙的损伤程度高于钢梁与钢管混凝土柱，下部楼层的钢板剪力墙损伤程度较高，设防地震下仅 20% 的钢板剪力墙处于 0 级损伤状态；钢板剪力墙损伤程度随楼层的升高而降低。

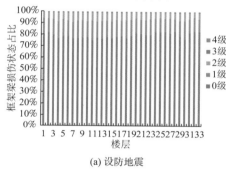

(a) 设防地震

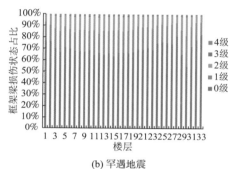

(b) 罕遇地震

图 B-4　钢梁损伤状态分布

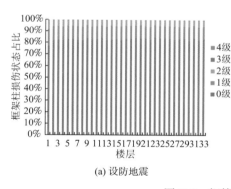

(a) 设防地震

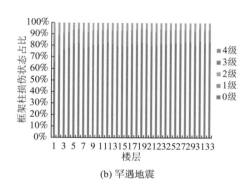

(b) 罕遇地震

图 B-5　钢管混凝土柱损伤状态分布

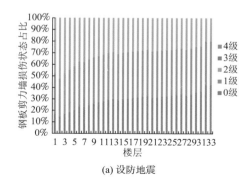

(a) 设防地震

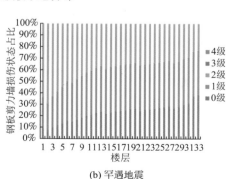

(b) 罕遇地震

图 B-6　钢板剪力墙损伤状态分布

图 B-7 至图 B-11 分别为吊顶、填充墙、楼梯、玻璃幕墙与电梯的损伤状态分布。其中，吊顶与玻璃幕墙基本处于 0 级损伤状态；填充墙与楼梯的损伤状态较为相似，其在中上部楼层损伤程度较高；电梯的损伤主要分布于顶部楼层。

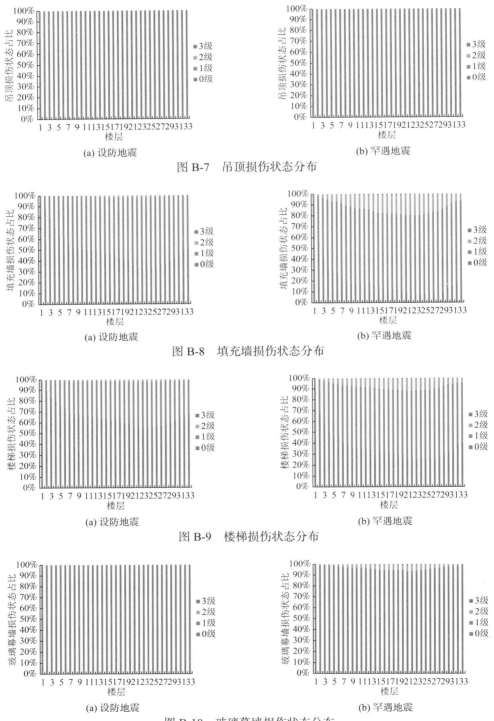

图 B-7　吊顶损伤状态分布

图 B-8　填充墙损伤状态分布

图 B-9　楼梯损伤状态分布

图 B-10　玻璃幕墙损伤状态分布

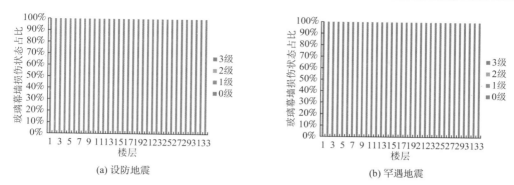

(a) 设防地震　　　　　　　　　　　　　　(b) 罕遇地震

图 B-11　电梯损伤状态分布

B.2.3　建筑抗震韧性等级评价

基于 1000 次计算的构件损伤状态统计建筑修复费用指标、建筑修复时间指标与人员伤亡指标的分布，分别如图 B-12 至图 B-15 所示。

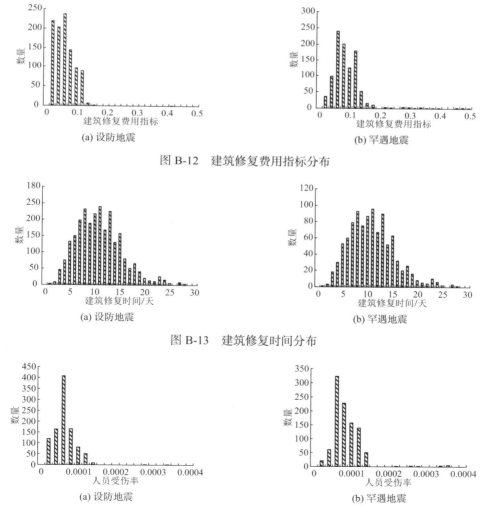

(a) 设防地震　　　　　　　　　　　　　　(b) 罕遇地震

图 B-12　建筑修复费用指标分布

(a) 设防地震　　　　　　　　　　　　　　(b) 罕遇地震

图 B-13　建筑修复时间分布

(a) 设防地震　　　　　　　　　　　　　　(b) 罕遇地震

图 B-14　人员受伤率

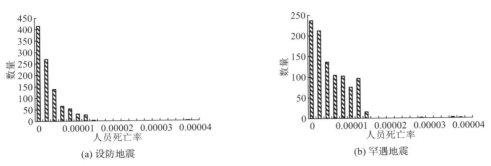

(a) 设防地震   (b) 罕遇地震

图 B-15　人员死亡率

采用具有 84% 保证率的拟合值作为建筑修复费用、建筑修复时间与人员伤亡评级的依据，评价结果见表 B-4，由表中数据结合《韧性评价标准》可得，建筑修复费用等级为一星，而建筑修复时间与人员伤亡等级为二星，取三项指标判定的最低等级作为建筑抗震韧性等级，即可评定该建筑抗震韧性等级为一星。

建筑抗震韧性等级评价   表 B-4

项目	建筑修复费用指标	建筑修复时间指标/d	人员伤亡指标		建筑抗震韧性等级
			受伤率	死亡率	
设防地震	0.089	9.6	8.8×10^{-5}	5.7×10^{-6}	—
罕遇地震	0.141	15.1	1.2×10^{-4}	1.2×10^{-5}	—
评级	一星	二星	二星		一星

参考文献

[1] 徐培福, 傅学怡, 王翠坤, 等. 复杂高层建筑结构设计[M]. 北京: 中国建筑工业出版社, 2005.

[2] 韩小雷, 陈彬彬, 崔济东, 等. 钢筋混凝土剪力墙变形性能指标试验研究[J]. 建筑结构学报, 2018, 39(6): 1-9.

[3] 崔济东. RC 梁、柱及剪力墙变形性能指标限值研究与试验验证[D]. 广州: 华南理工大学, 2017.

[4] 韩小雷, 周新显, 季静, 等. 基于构件性能的钢筋混凝土结构抗震评估方法研究[J]. 建筑结构学报, 2014, 35(4): 177-184.

[5] 扶长生. 抗震工程学——高层混凝土结构分析与设计[M]. 北京: 科学出版社, 2020.

[6] 岳清瑞. 钢结构与可持续发展[J]. 建筑, 2021(13): 20-21+23.

[7] 何文波. 大力推广装配式钢结构住宅建设[J]. 施工企业管理, 2022(4): 52.

[8] 叶列平, 金鑫磊, 田源, 等. 建筑结构抗震"体系能力设计法"综述[J]. 工程力学, 2022, 39(5): 1-12.

[9] American Society of Civil Engineers. Minimum design loads and associated criteria for buildings and other structures: ASCE 7-16[S]. Reston, VA: American Society of Civil Engineers, 2017.

[10] International Conference of Building Officials. Uniform building code: UBC 97[S]. California: IHS, 1997.

[11] LEYENDECKER E V, HUNT R J, FRANKEL A D, et al. Development of maximum considered earthquake ground motion maps[J]. Earthquake Spectra, 2000, 16(1): 2140.

[12] 施刚, 胡方鑫, 石永久. 各国规范钢框架结构抗震设计方法对比研究(Ⅰ): 设防目标与地震作用[J]. 建筑结构, 2017, 47(2): 1-6.

[13] The European Union Per Regulation. Design of structures for earthquake resistance-part 1: General rules, seismic actions and rules for buildings[S]. Brussels, Belgium: European committee for standardization, 2005.

[14] 中华人民共和国住房和城乡建设部. 建筑抗震设计规范: GB 50011—2010(2016 年版)[S]. 北京: 中国建筑工业出版社, 2016.

[15] 李慧. 中、美、欧、日建筑抗震规范地震作用对比研究[D]. 哈尔滨: 哈尔滨工业大学, 2011.

[16] 张毅刚, 杨大彬, 吴金志. 基于性能的空间结构抗震设计研究现状与关键问题[J]. 建筑结构学报, 2010, 31(6): 145-152.

[17] 郁银泉, 董庆园, 王喆. 中美日钢框架结构抗震设计规定比较(Ⅰ): 一般设计规定[J]. 建筑结构, 2016, 46(19): 1-7.

[18] 童根树, 赵永峰. 中日欧美抗震规范结构影响系数的构成及其对塑性变形需求的影响[J]. 建筑钢结构进展, 2008(5): 53-62.

[19] 施刚, 胡方鑫, 石永久. 各国规范钢框架结构抗震设计方法对比研究(Ⅱ): 承载力、延性与侧移要求[J]. 建筑结构, 2017, 47(2): 7-15.

[20] 童根树. 与抗震设计有关的结构和构件的分类及结构影响系数[J]. 建筑科学与工程学报, 2007(3): 65-75.

[21] 陈炯, 路志浩. 论地震作用和钢框架板件宽厚比限值的对应关系(上)—我国规范与国际主流规范的地震作用比较[J]. 钢结构, 2008(5): 38-44+58.

[22] EASA S M, YAN W Y. Performance-based analysis in civil engineering: overview of applications[J]. Infrastructures, Multidisciplinary Digital Publishing Institute, 2019, 4(2): 28.

[23] 彭观寿, 高轩能. 基于性能的钢结构抗震设计理论与方法[J]. 钢结构, 2007(1): 49-54.

[24] 谢礼立, 马玉宏. 现代抗震设计理论的发展过程[J]. 国际地震动态, 2003(10): 1-8.

[25] BERTERO V V, BERTERO R D. Tall reinforced concrete buildings: Conceptual earthquake-resistent design methodology[R]. Report UBC/EFRC-92-16, USA: University of California at Berkeley, 1993.

[26] 张谨, 杨律磊. 动力弹塑性分析在结构设计中的理解与应用[M]. 北京: 中国建筑工业出版社, 2016.

[27] SEAOC. A framework for performance-based engineering: Vision 2000[S]. California: Structural Engineering Association of California, 1995.

[28] Applied Technology Council. NEHRP guidelines for the seismic rehabilitation of buildings: FEMA 273[S]. Washnigton, DC: Federal Emergency Management Agency, 1997.

[29] American Society of Civil Engineers. Prestandard and commentary for the seismic rehabilitation of buildings: FEMA 356[S]. Washington, DC: Federal Emergency Management Agency, 2000.

[30] American Society of Civil Engineers. Seismic rehabilitation of existing buildings: ASCE 41-06[S]. Reston, Virginia: American Society of Civil Engineers, 2007.

[31] American Society of Civil Engineers. Seismic evaluation and retrofit of existing buildings: ASCE 41-13[S]. Reston, Virginia: American Society of Civil Engineers, 2014.

[32] American Society of Civil Engineers. Seismic evaluation and retrofit of existing buildings: ASCE 41-17[S]. Reston, Virginia: American Society of Civil Engineers, 2017.

[33] TBI Guidelines Working Group. Guidelines for performance-based seismic design of tall

buildings[R]. PEER Report 2010/05, California: Pacific Earthquake Engineering Research Center, 2010.

[34] TBI Guidelines Working Group. Guidelines for performance-based seismic design of tall buildings[R]. PEER Report 2017/06, California: Pacific Earthquake Engineering Research Center, 2017.

[35] GOLESORKHI R, JOSEPH L, KLEMENCIC R, et al. Performance-based seismic design for tall buildings[M]. Chicago: Council on Tall Buildings and Urban Habitat, 2017.

[36] SEAONC. Requirements and guildlines for the seismic design of new tall buildings using non-prescriptive seismic-design procedures: AB-083[S]. San Francisco: Structural Engineers Association of Northern California, 2007.

[37] LATBSDC. An alternative procedure for seismic analysis and design of tall buildings located in the Los Angeles region[S]. Los Angeles Tall Buildings Structural Design Council, 2020.

[38] 小谷俊介, 叶列平. 日本基于性能结构抗震设计方法的发展[J]. 建筑结构, 2000(6): 3-9+58.

[39] HONJO Y, KIKUCHI Y, SHIRATO M. Development of the design codes grounded on the performance-based design concept in Japan[J]. Soils and Foundations, 2010, 50: 983-1000.

[40] 日本建築センター. エネルギーの釣合いに基づく耐震計算法の技術基準解説及び計算例とその解説[S]. 日本建築センター情報事業部, 2006.

[41] 以令人安心的建筑为目标的 JSCA 性能设计: 抗震性能篇[J]. 建筑结构, 2023, 53(4): 6-10+57.

[42] 谢礼立. 基于抗震性态设计思想的抗震设防标准[J]. 世界地震工程, 2000, 16(1): 97-105.

[43] 谢礼立, 马玉宏. 基于抗震性态的设防标准研究[J]. 地震学报, 2002(2): 200-209+223.

[44] 马宏旺, 吕西林. 建筑结构基于性能抗震设计的几个问题[J]. 同济大学学报(自然科学版), 2002(12): 1429-1434.

[45] 中国工程建设标准化协会. 建筑工程抗震性态设计通则: CECS 160: 2004[S]. 北京: 中国计划出版社, 2004.

[46] 徐培福, 戴国莹. 超限高层建筑结构基于性能抗震设计的研究[J]. 土木工程学报, 2005(1): 1-10.

[47] 王亚勇, 岳茂光, 李宏男, 等. 基于不同性能目标的 RC 结构抗震设计的效益分析[J]. 土木工程学报, 2008(3): 37-45.

[48] 杨志兵. 钢结构性能设计相关指标研究[D]. 广州: 华南理工大学, 2013.

[49] 广东省住房和城乡建设厅. 钢结构设计规程: DBJ 15-102—2014[S]. 北京: 中国城市出版社, 2015.

[50] 中华人民共和国住房和城乡建设部. 高层民用建筑钢结构技术规程: JGJ 99-2015[S]. 北京: 中国建筑工业出版社, 2015.

[51] 中华人民共和国住房和城乡建设部. 钢结构设计标准: GB 50017—2017[S]. 北京: 中国建筑工业出版社, 2017.

[52] 中国勘察设计协会. 建筑结构抗震性能化设计标准: T/CECA 20024—2022[S]. 北京: 中国建材工业出版社, 2022.

[53] 中华人民共和国城乡建设环境保护部. 建筑抗震设计规范: GBJ 11—89[S]. 北京: 中国建筑工业出版社, 1990.

[54] 王朝波. 既有多高层钢框架抗震鉴定指标体系及分析方法研究[D]. 上海: 同济大学, 2007.

[55] 樊春雷. 钢框架—钢板剪力墙结构基于性能的抗震设计研究[D]. 西安: 西安建筑科技大学, 2014.

[56] LIGNOS D G, HARTLOPER A R, ELKADY A, et al. Proposed updates to the asce 41 nonlinear modeling parameters for wide-flange steel columns in support of performance-based seismic engineering[J]. Journal of Structural Engineering, 2019, 145(9): 04019083.

[57] Applied Technology Council. Guidelines for nonlinear structural analysis and design of buildings. Part IIa-steel moment frames: NIST GCR 17-917-46v2[S]. California: U.S. Department of Commerce, 2017.

[58] DANIEL B, JONAS H, BILL T. ASCE 41-17 steel column modeling and acceptance criteria[J]. Structures Congress 2017, 2017: 121-135.

[59] 邓椿森, 施刚, 张勇, 等. 中外抗震设计规范关于钢柱板件宽厚比限值的比较[J]. 青岛理工大学学报, 2011, 32(5): 41-48+53.

[60] 国家市场监督管理总局. 建筑抗震韧性评价标准: GB/T 38591—2020[S]. 北京: 中国标准出版社, 2020.

[61] 中国工程建设标准化协会. 建筑结构抗倒塌设计标准: T/CECS 392—2021[S]. 北京: 中国计划出版社, 2021.

[62] 汪大绥, 安东亚, 崔家春. 动力弹塑性分析结果用于指导结构性能设计的若干问题[J]. 建筑结构, 2017, 47(12): 1-10.

[63] 苏明周, 顾强. 箱形截面钢压弯构件的滞回性能和板件宽厚比限值研究[J]. 建筑结构学报, 2000(5): 41-47.

[64] 苏明周, 顾强, 郭兵. 箱形截面钢压弯构件受循环弯矩作用的试验研究和理论分析[J]. 建筑结构学报, 2001(4): 9-16.

[65] 郑宏. 工形截面钢构件在循环荷载作用下平面外相关屈曲分析及抗震设计对策[D]. 西安: 西安建筑科技大学, 2001.

[66] 王晓燕, 陶忠. 我国钢结构设计规范中梁宽厚比限值问题的讨论[J]. 重庆建筑, 2009, 8(10): 32-35.

[67] 罗永峰, 李海锋, 李德章, 等. 反复水平荷载下常偏压箱形钢柱抗震性能试验[J]. 同济大

学学报(自然科学版), 2012, 40(3): 344-352.

[68] 陈以一, 马越, 赵静, 等. 薄柔高频焊接 H 钢柱的实验和抗震承载力评价[J]. 同济大学学报(自然科学版), 2006(11): 1421-1426.

[69] 陈以一, 吴香香, 程欣. 薄柔构件钢框架的承载性能特点研究[J]. 工程力学, 2008(S2): 62-70.

[70] 陈以一, 周锋, 陈城. 宽肢薄腹 H 形截面钢柱的滞回性能[J]. 世界地震工程, 2002(4): 23-29.

[71] 邓长根, 应武挡, 崔凡承. 焊接H形截面纯弯钢构件弹塑性局部相关屈曲分析[J]. 建筑结构, 2017, 47(13): 20-25.

[72] 程欣, 侯雪松, 李卓峰. 考虑板件相关作用的 H 形截面分类准则[J]. 工程力学, 2020, 37(4): 178-185.

[73] 周锋. 宽肢薄腹钢柱滞回性能的试验研究与数值分析[D]. 上海: 同济大学, 2002.

[74] 孙飞飞, 杨芳, 李国强. 高强热轧 H 型钢悬臂梁低周反复试验研究[J]. 工业建筑, 2012, 42(1): 46-50.

[75] 李海锋, 罗永峰, 李德章, 等. 箱形钢柱受力性能分析及抗震设计建议[J]. 建筑结构学报, 2013, 34(1): 93-100.

[76] 付波. 板件延性系数和面向抗震设计的钢截面分类[D]. 杭州: 浙江大学, 2014.

[77] 付波, 童根树. 工字形截面的延性系数和面向抗震设计的钢截面分类[J]. 工程力学, 2014, 31(6): 173-182+189.

[78] 欧阳丹丹, 付波, 童根树. 矩形钢管截面延性等级和板件宽厚比相关关系[J]. 浙江大学学报(工学版), 2016, 50(2): 271-281.

[79] 童根树, 付波. 受压和受弯板延性系数和面向抗震设计的钢截面分类[J]. 工程力学, 2013, 30(3): 323-330.

[80] 邹昀. 上海环球金融中心大厦基于性能的抗震设计研究[D]. 上海: 同济大学, 2006.

[81] MOEHLE J P. Performance-based seismic design of tall buildings in the US[C]//14th World Conference on Earthquake Engineering. Beijing, China, 2008.

[82] 朱鸣, 魏勇, 柯江华, 等. 邯郸文化艺术中心基于性能的抗震设计[J]. 建筑结构, 2011, 41(9): 34-43.

[83] 葛家琪, 王树, 梁海彤, 等. 河南艺术中心大剧院钢屋盖基于延性的性能化设计研究[J]. 建筑结构, 2008, 38(12): 1-6.

[84] 李艺然. 新钢规抗震性能化设计在某钢结构体育馆设计中的应用[J]. 建筑结构, 2019(S1): 393-396.

[85] 胡好, 周青, 张俊杰, 等. 徐州观音机场新航站楼性能化抗震设计[J]. 建筑结构, 2016, 46(S1): 312-316.

[86] 张倩. 钢框架结构基于性能的抗震设计方法研究[D]. 西安: 西安建筑科技大学, 2008.

[87] 关雨辰. 性能设计在钢框架结构中的应用研究[D]. 广州: 华南理工大学, 2013.

[88] 于晓露. 基于性能的钢结构抗震设计方法研究[D]. 长沙: 湖南大学, 2017.

[89] 王启文, 杨旺华, 周斌. 高烈度地区某钢结构超高层建筑结构性能化设计[J]. 2014 年全国钢结构设计与施工学术会议论文集, 2014.

[90] 李雨航, 李爱群, 黄镇, 等. 高烈度区复杂高层钢框架中心支撑结构性能化设计研究[J]. 建筑结构, 2019, 49(1): 18-24.

[91] 毛俊杰. 上海浦东某超限高层建筑结构抗震设计与分析[J]. 建筑结构, 2021(S2): 461-467.

[92] NEWMARK N M, HALL W J. Earthquake spectra and design[M]. Oakland, California, USA: Earthquake Engineering Research Institute, 1982.

[93] 翟长海, 谢礼立. 结构抗震设计中的强度折减系数研究进展[J]. 哈尔滨工业大学学报, 2007(8): 1177-1184.

[94] LEE S S, GOEL S C, CHAO S H. Performance-based seismic design of steel moment frames using target drift and yield mechanism[C]//13th World Conference on Earthquake Engineering. Vancouver, Canada, 2004.

[95] 张鹏. 多高层钢结构案例基于性能目标的抗震分析与优化[D]. 太原: 太原理工大学, 2021.

[96] 王立军. GB 50017—2017《钢结构设计标准》简述[J]. 钢结构, 2018, 33(6): 77-79+114.

[97] 中华人民共和国国务院. 建设工程抗震管理条例: 中华人民共和国国务院令第 744 号[R/OL]. (2021-07-19)[2023-07-10]. http://www.gov.cn/zhengce/content/2021-08/04/content_5629341.htm.

[98] 住房和城乡建设部标准定额研究所. 基于保持建筑正常使用功能的抗震技术导则[M]. 北京: 中国建筑工业出版社, 2023.

[99] 张耀春, 连尉安, 张文元. 焊接工字形截面钢支撑低周疲劳性能试验研究[J]. 建筑结构学报, 2005, 26(6): 114-121.

[100] 中华人民共和国住房和城乡建设部. 建筑抗震试验规程: JGJ/T 101-2015[S]. 北京: 中国建筑工业出版社, 2015.

[101] 中华人民共和国住房和城乡建设部. 建筑工程抗震设防分类标准: GB 50223—2008[S]. 北京: 中国建筑工业出版社, 2008.

[102] Applied Technology Council. Seismic performance assessment of buildings, Volume 1-Methodology: FEMA P58-1[S]. California: Federal Emergency Management Agency, 2018.

[103] FREEMAN S A. Development and use of capacity spectrum method[C]//Proceedings of 6th US Conference on Earthquake Engineering. Seattle, Oakland: 1998.

[104] COMARTIN C D, NIEWIAROWSKI R W, FREEMAN S A, et al. Seismic evaluation and retrofit of concrete buildings: a practical overview of the ATC 40 document[J]. Earthquake Spectra, SAGE Publications Ltd STM, 2000, 16(1): 241-261.

[105] 黄志华, 吕西林, 周颖, 等. 高层混合结构地震整体损伤指标研究[J]. 同济大学学报(自然科学版), 2010, 38(2): 170-177.

[106] 杨坤. 基于 IDA 方法的 RC 框架结构倒塌与残余位移分析[D]. 苏州: 苏州科技大学, 2017.

[107] 周佳, 童根树, 李常虹, 等.《钢结构与钢-混凝土组合结构设计方法》的理解与应用—钢支撑[J]. 建筑结构, 2022, 52(21): 144-150.

[108] 国家市场监督管理总局. 金属材料 拉伸试验 第 1 部分: 室温试验方法: GB/T 228.1—2021[S]. 北京: 中国标准出版社, 2021.

[109] 瞿履谦, 庄崖屏, 邵惠. 构件剪切变形的截面剪应力不均匀分布影响系数和计算表[J]. 建筑结构学报, 1986, 7(4): 37-53.

[110] 陈以一, 程欣, 贺修樟. 薄柔截面构件屈曲铰及钢框架破坏机构分析[J]. 建筑结构学报, 2014, 35(4): 109-115.

[111] 程欣, 陈以一. H 形截面钢构件铰区模型及铰区长度[J]. 同济大学学报(自然科学版), 2016, 44(5): 677-684.

[112] NEWELL J D, UANG C M. Cyclic behavior of steel columns with combined high axial load and drift demand[R]. SSRP-06/22, San Diego: Department of Structural Engineering, University of California, 2006.

[113] CHABOCHE J L. Time-independent constitutive theories for cyclic plasticity[J]. International Journal of Plasticity, 1986, 2(2): 149-188.

[114] 石永久, 王萌, 王元清. 循环荷载作用下结构钢材本构关系试验研究[J]. 建筑材料学报, 2012, 15(3): 293-300.

[115] 郝际平. 钢结构在循环荷载作用下的局部屈曲、低周疲劳的试验与理论研究[J]. 土木工程学报, 1996.

[116] BALLIO G, CALADO L. Steel bent sections under cyclic loads experimental and numerical approaches[J]. Costruzione Metalliche, 1986: 9-16.

[117] 赵静. 薄柔截面 H 形钢构件抗震性能研究[D]. 上海: 同济大学, 2004.

[118] MACRAE G A. The seismic response of steel frames[D]. New Zealand: University of Canterbury Christchurch, 1989.

[119] MITANI I, MAKINO M, MATSUI C. Empirical formula for plastic rotation capacity of steel beam-columns with h-shaped cross section[C]//Pacific Structural Steel Conference. Auckland, 1986: 283-382.

[120] GIONCU V, PETCU D. Available rotation capacity of wide-flange beams and beam-columns Part 2. Experimental and numerical tests[J]. Journal of Constructional Steel Research, Elsevier, 1997, 43(1): 219-244.

[121] ELKADY A, LIGNOS D G. Full-scale testing of deep wide-flange steel columns under multiaxis cyclic loading: loading sequence, boundary effects, and lateral stability bracing force

demands[J]. Journal of Structural Engineering, American Society of Civil Engineers, 2018, 144(2): 04017189.

[122] LIGNOS D G, HIKINO T, MATSUOKA Y, et al. Collapse assessment of steel moment frames based on e-defense full-scale shake table collapse tests[J]. Journal of Structural Engineering, American Society of Civil Engineers, 2013, 139(1): 120-132.

[123] YU J G, FENG X T, LI B, et al. Performance of steel plate shear walls with axially loaded vertical boundary elements[J]. Thin-Walled Structures, 2018, 125: 152-163.

[124] WANG X, FAN F, LAI J. Strength behavior of circular concrete-filled steel tube stub columns under axial compression: A review[J]. Construction and Building Materials, 2022, 322: 126-144.

[125] 韩林海, 陶忠. 方钢管混凝土柱的延性系数[J]. 地震工程与工程振动, 2000(4): 56-65.

[126] 韩林海, 杨有福, 游经团, 等. 圆钢管混凝土压弯构件滞回性能的试验研究与理论分析 [J]. 中国公路学报, 2004(3): 54-59.

[127] 韩林海, 陶忠, 阎维波. 圆钢管混凝土压弯构件荷载-位移滞回性能分析[J]. 地震工程与 工程振动, 2001(1): 64-73.

[128] 中华人民共和国住房和城乡建设部. 钢结构工程施工质量验收标准: GB 50205—2020[S]. 北京: 中国标准出版社, 2020.

[129] SHEN J, REN X, ZHANG Y, et al. Nonlinear dynamic analysis of frame-core tube building under seismic sequential ground motions by a supercomputer[J]. Soil Dynamics and Earthquake Engineering, 2019, 124: 86-97.

[130] 张谨, 杨律磊, 谈丽华, 等. 组合减震技术在建筑抗震韧性提升中的应用[J]. 建筑结构, 2022, 52(20): 1-8.

[131] 任军宇, 潘鹏, 王涛, 等. GB/T 38591—2020《建筑抗震韧性评价标准》解读[J]. 建筑结构 学报, 2021, 42(1): 48-56.

[132] 潘楚云, 曲激婷, 张东旭. 国内外建筑抗震韧性研究进展[J]. 建筑结构, 2021, 51(S2): 432-441.

[133] 吴继伟, 梁兴文, 朱汉波. FEMAP58 新一代建筑抗震性能评估方法[J]. 地震工程与工程 振动, 2015, 35(3): 37-43.

[134] 李志山, 容柏生. 高层建筑结构在罕遇地震影响下的弹塑性时程分析研究[J]. 建筑结构, 2006, 36(S1): 201-208.

[135] 王啸霆, 潘鹏, 王涛, 等. 基于《建筑抗震韧性评价标准》的算例分析[J]. 建筑结构, 2020, 50(16): 57-63.

[136] 薛荣刚, 黄丽红, 宫海军, 等. 基于建筑抗震韧性评价标准的某教学楼抗震韧性评价分析 [J]. 建筑结构, 2021, 51(1): 60-65.

致　　谢

本书主要内容来自本人攻读工程博士的学位论文,在此借以博士学位论文中的致谢辞,向各位老师、专家、学者与同事对本书研究提供的帮助、支持和肯定表示衷心感谢!

"出走三十载,归来仍学子"。自1991年从母校东南大学毕业,至2019年秋母校再次给予我学习深造的机会,期间已将近三十年!

刚开学时,走在熟悉的四牌楼校区,看着一些长者被暖黄色夕阳拉长的身影,恍惚间觉得像是旧时求学的师长:蒋永生先生、黄兴棣先生、程文瀼先生……路过桃李园边的结构试验室,一墙藤蔓、斑驳树影在秋风中摇曳,总觉得先生们还会在下一刹那推门而出。

尽管当年在校时的很多前辈导师已不能再见,但母校菁菁校园依旧,莘莘学子不息,始终保持着严谨治学、止于至善的学风!一直以来本人及工作团队也与母校,尤其是与舒赣平教授课题组保持着良好的产学研合作关系。多年工作中自己对专业中的困惑、希望进一步探究的方向,以及本人能力的欠缺已有清醒的认知。此次重返课堂,感慨良多,满怀期待!

在此诚挚感谢舒赣平教授,作为我工程博士的校内导师,他对我课题的研究方向、研究方法、试验方案和论文撰写修改等方面,都予以了悉心指导,更是帮助我在长年工作养成的工程思维基础上,进一步培养了学术研究所需的严谨逻辑与科学方法。

衷心感谢全国工程勘察设计大师、华诚博远工程技术集团首席科学家王立军大师,作为我的校外导师,他为我的博士论文研究内容和研究路径等提出了宝贵的指导意见,并旁征博引,就国内外不同设计方法详细讲解传授。

感谢就读期间授课的李兆霞和郭正兴等教授的悉心教导。特别是李兆霞教授的《损伤力学》一课,要求极为严格,每章讲解后,每人均须作课堂汇报,期末结束时除撰写论文外还需通过闭卷笔试。从刚开始,自己与年轻的学弟学妹们同台讲解并接受质询的不自在;到欣然接受旁人指正自己的不足,享受学习新知识的乐趣;再到最后一次课堂报告,被素以严格著称的李兆霞教授点评"不错了",并笔试后最终课程获得优良的成绩……这积跬步而前行的过程,也让我更深领悟到攻读博士学位的目的在于踏实探索求知的真谛!

作为工程博士，我的研究离不开工程实践。感谢就读期间我的同事谈丽华、杨律磊、龚敏锋、杨栋和朱寻焱等在相关工程设计及课题研究上给予的大力支持！

感谢东南大学钢结构课题组范圣刚教授、陆金钰教授、秦颖副教授、郑宝锋副教授、杜二峰老师、赖柄霖老师、张磊老师和侯柯屹博士等在我博士就读期间学习工作方面提供的帮助。

感谢苏州科技大学毛小勇教授、陈鑫教授和齐益老师等对论文试验研究工作的支持！

感谢在论文开题和评审等各阶段中，以及相关课题《多高层钢结构抗震性能化设计方法研究与抗震新技术示范应用》（住建部 2021 年科学技术计划项目）研究开展中多次给予指导的岳清瑞院士、王亚勇大师、汪大绥大师、郁银泉大师、董军教授、金如元和夏长春等专家。

感谢支持将论文中部分研究成果纳入《建筑结构抗震性能化设计标准》T/CECA 20024—2022 的周建龙大师、韩小雷教授和江晓峰博士等标准主要起草人，以及任庆英大师、郁银泉大师、丁永君大师和陈彬磊大师等标准主要审查人。

感谢在百忙中所有评审我博士学位论文的学者专家！近日获知论文在盲审中取得 3A 的评审结果，虽无从得知各位专家的姓名，但衷心感谢专家们对论文的肯定与指正！本人也将在各位勉励下进一步深入开展钢结构性能化设计研究工作。

2019 年秋至 2023 年 8 月，整整四年，期间还经历了疫情，完成学业，殊为不易。感谢土木工程学院王玲艳、陈韵、钱谊、贲驰和芮梦宇等老师对我各项工作的帮助！

如果说有遗憾，那是去年年底家母病逝，病逝前两个月，家母还询问过我的学习情况。而就在本书付印前，同样十分关心支持我工作学习的家父也因追思成疾病逝。但愿本书的成果，及对行业的些许推动，可以告慰同为"土木人"的两位老人在天之灵！

最后，感谢所有在工作与学习中鼓励过、帮助过、批评过我的前辈、老师、朋友、同事、同学与同行们！愿我们在土木行业归于"平凡"的"冷周期"，仍能共同坚持初心、互勉进步！

张谨

2023 年 11 月于苏州